防災ジャーナリスト 久保 範明 著
防災アドバイザー 深澤 廣和・
家庭の防災を考える会 協力

はじめに

「天災は忘れた頃にやってくる」ということわざがあります。しかし近年は、忘れるひまもないほど地震をはじめとした大規模な災害が立て続けに発生しています。

とくに地震は、いつやってくるかまったく予測できず、不意打ちのようにおそってきますから、非常にやっかいな災害といえるでしょう。そんな災害から自分や家族の身を守るためには、「この場所で地震が起きたらどう行動するか」「電気が止まったら何が必要になるか」など、ふだんからシミュレーションを繰り返して、現実にそくした対策を立てておくしか方法はありません。

どれだけ対策を練っても、つねに想定を上回る災害が発生する可能性は残ります。だからこそ、つねに新しい情報を手に入れて、対策をアップデートし続けることが欠かせません。

本書は親子が一緒に読み進め、地震のメカニズムや対策への理解を深められる内容をめざしました。とくに、いざというときにとっさの判断や行動が取れるように、場所や状況に応じたシミュレーションと対策に重点を置いています。具体的な場面をイメージしながら地震対策について家族で話し合い、家庭の防災力を高めることに役立ててください。

地震はいつやってくる？

近い将来、大地震は必ずやってきます。

東海から九州にかけて甚大な被害をもたらす南海トラフ地震は、30年以内に発生する確率が70%から80%といいますから心構えと備えが必要です。さらに首都圏に大きなダメージをもたらす首都直下型地震はいつ起きてもおかしくありませんし、ほかにも日本のどの地域で大地震が発生しても不思議ではないのです。

政府の地震調査委員会は今後30年以内に震度6弱以上の揺れにおそわれる確率を示した予測地図を公表しています。それを見ると、もっとも確率が高い「26%以上」が太平洋岸の広い地域に広がっています。

この予測地図で比較的確率が低い地域を突然強い揺れがおそうこともめずらしくありません。つまり、地震対策は国民一人ひとりが取り組むべき課題といえます。

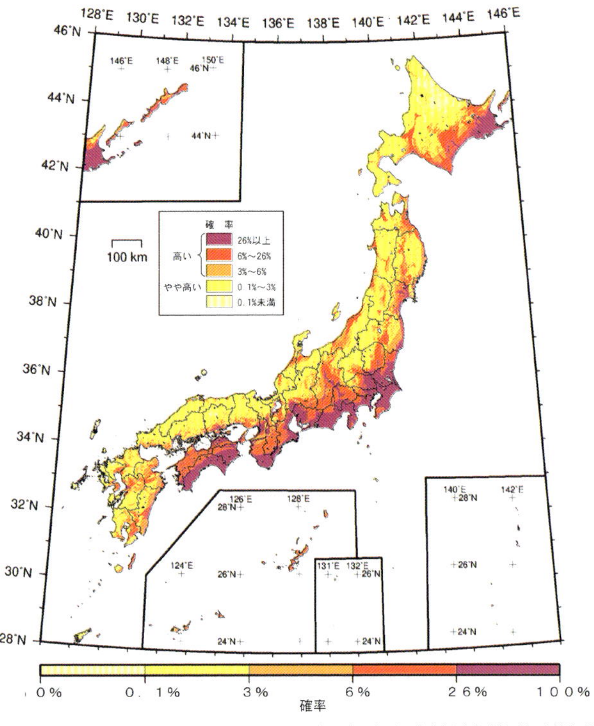

出典：政府 地震調査研究推進本部

地震はどうして起こるの？

～地震発生のメカニズム～

地震は「プレート」の動きによって起こる!

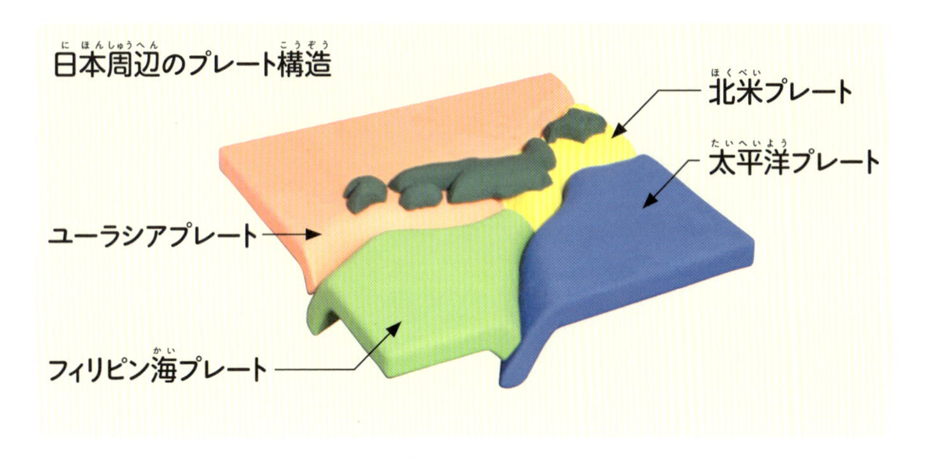

地球は、たとえるなら卵のカラのような薄い岩盤におおわれています。この岩盤はプレートと呼ばれ、地球全体で十数枚に分かれています（薄いといっても地球レベルの話で、岩盤の厚さは10～100km程度あります）。

それぞれのプレートは、年に数cm程度、バラバラの方向に動いています。プレート同士がぶつかり合う場所では強い力が発生し、それが地震を引き起こすエネルギーとなるのです。

日本列島周辺には、「ユーラシアプレート」「北米プレート」「太平洋プレート」「フィリピン海プレート」という4つのプレートが存在します。これほど複雑にプレートが重なり合う地域は世界的にも類を見ないといわれています。

プレート境界型地震　プレート同士がぶつかる場所で起こる!

「プレート境界型地震」が起こるメカニズム

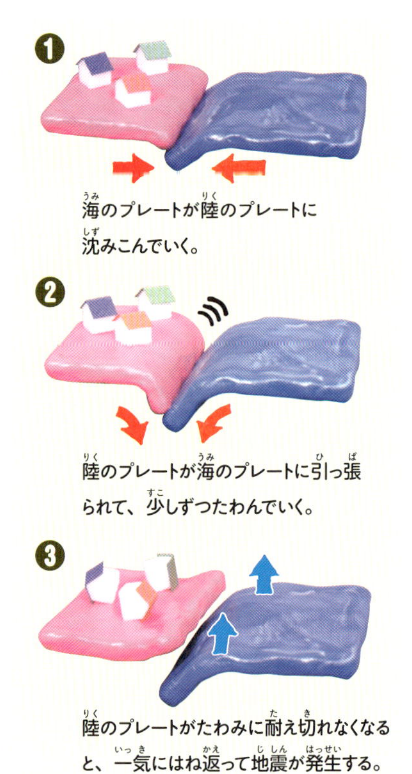

❶ 海のプレートが陸のプレートに沈みこんでいく。

❷ 陸のプレートが海のプレートに引っ張られて、少しずつたわんでいく。

❸ 陸のプレートがたわみに耐え切れなくなると、一気にはね返って地震が発生する。

地震の多くは、プレート同士がぶつかり合う場所で起こります。このタイプの地震は「プレート境界型地震」と呼ばれ、関東大震災や東日本大震災のほか、この先発生が心配される南海トラフ地震などが該当します。

日本列島の周辺では、海のプレートが、陸のプレートの下に沈みこむように移動しています（❶）。すると陸のプレートは、海のプレートに引っ張られ、長い年月をかけてたわんでいきます（❷）。そのたわみが限界点に達すると、一気にはね返り、大きな地震が起こります（❸）。

直下型地震　プレート内部にヒビが入って起こる!

「直下型地震」が起こるメカニズム

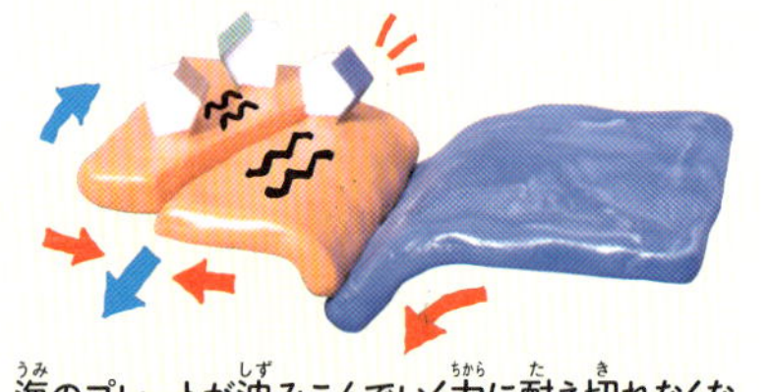

海のプレートが沈みこんでいく力に耐え切れなくなると、陸のプレートの内部にヒビが入って地震が発生する。

直下型地震と呼ばれる地震もあります。プレートの内部に大きな力がかかるとヒビが入り、その衝撃で地震が起こります。阪神・淡路大震災などがこれにあたります。

過去の地震に学ぶ①

東日本大震災《津波》

国内観測史上最大級のマグニチュード9.0を記録した東日本大震災。被災者は地震の揺れだけではなく、その後に押し寄せた巨大津波によって深刻な被害を受けました。

過去最大クラスの大災害

2011年3月11日、三陸沖を震源とする巨大地震が発生。これまで日本で観測された地震の中で最大級のマグニチュード9.0を記録し、最大震度7を観測しました。

東日本大震災と名付けられたこの地震は、太平洋プレート(海のプレート)が、北米プレート（陸のプレート）に沈みこむことで起きる「プレート境界型地震」でした。この地震による死者・行方不明者は2万2200人以上に上りました。これほど多くの犠牲者を出した大きな要因は、太平洋沿岸の広い地域に押し寄せた最大9m近くの高さの津波でした。津波の勢いは陸地に達してもとどまることなく、海沿いの町とそこに暮らす人々を飲みこみ、福島県では原子力発電所に深刻な被害をもたらしました。

大津波によって内陸まで船が押し流された。

津波はどのように起こる?

津波は、海底で発生する地震や火山の噴火などが原因で発生します。地震などにより海底の地盤が急激に動くと、その上にある海の水が押し上げられることで大きな波が発生し、海岸に押し寄せてくるのです。

津波が進むスピードは非常に速く、水深が深い沖合いでは時速800km に達します。これはジェット機なみの速さです。水深が浅くなるほど速度は落ち、岸に近付くと時速 40km ほどになりますが、人が走って逃げられるスピードではありません。

津波が発生するしくみ

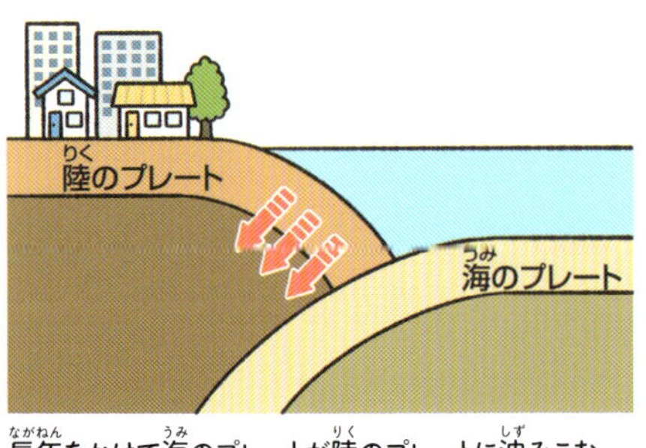

長年をかけて海のプレートが陸のプレートに沈みこむ。

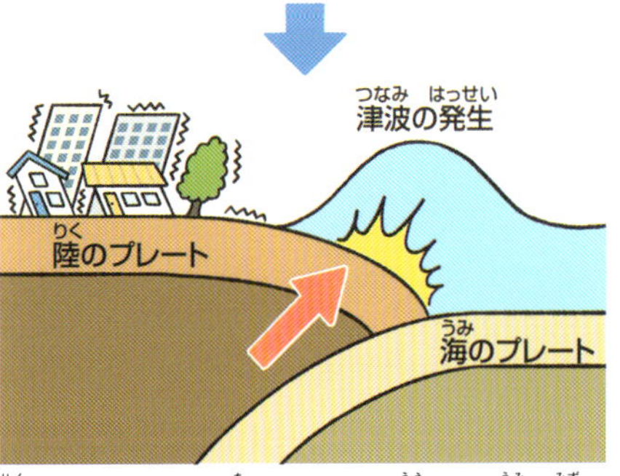

陸のプレートがはね上がると、その上にある海の水が持ち上がって津波が発生する。

津波到達までの時間は?

津波が陸地に到達する時間は、震源地からの距離や海底の地形などによって異なります。東日本大震災では 20 分ほどで到達した地域もありました。近い将来、発生すると予測される南海トラフ地震では、最短2、3分で津波が押し寄せる地域もあるとあやぶまれています。

津波の破壊力はとてつもなく大きく、いとも簡単に家や車を押し流します。津波の発生が予想される地域で地震が起こったら、できるだけ早く高台などに逃げることが、命を守ることにつながります。

過去の地震に学ぶ②

能登半島地震《液状化現象》

石川県能登半島に走った激震は、「活断層」が動くことで発生する直下型地震でした。この地震では、広い地域で液状化現象が起こり建物の倒壊などが多発しました。

お正月の一家だんらんを暗転させた大災害

2024年1月1日午後4時10分頃、石川県能登半島を激しい揺れがおそいました。地震の規模を示すマグニチュードは7.6、最大震度7を観測。冬の最中に家をうしなった人々は揺れの恐怖と寒空に体をふるわせました。

震源は能登地方で深さは16km。プレートの内部が割れてずれた状態をさす「活断層」が動いたことで起こる直下型地震でした。活断層の長さは150kmに上り、複数の活断層が一緒に動いたことで大きな被害につながったと推測されています。

地震の影響により海底で地すべりのような現象が発生したことが原因と考えられる津波も起こりました。津波は、地震発生から早いところではわずか1分で到達し、最大の津波高は5mを超えました。

住宅が倒れる被害が多く発生した。

液状化現象によって被害が拡大

能登半島地震では住宅の倒壊が多く発生し、一部が壊れた住宅も含めると7万 5000 棟近くの被害が確認されました。その原因の1つは、耐震性が不十分な古い木造住宅が多かったことです。

さらに、もう1つの原因となったのが広い範囲で発生した液状化現象です。液状化現象とは、地震の揺れによって、水分を多く含む土砂が液体のような状態になる現象で、そこに立つ建物は沈んだり傾いたりしてしまいます。また、地中にうめられた上下水道管などにも被害がおよぶため、ライフラインにも大きな影響をもたらします。

液状化現象は海や川の近くや埋立地などで発生しやすく、能登半島地震でも沿岸部の砂地状の地域を中心に2000ヶ所以上の液状化現象が確認され、それは東日本大震災に次ぐ規模だったとされています。

復興支援のあり方に見直しをせまる声も

能登半島地震では広範囲で水道管が壊れ、中には3ヶ月以上も断水が続いた地域もありました。さらに長引く復旧作業を豪雨がおそうなど、地域住民は長期間にわたって厳しい生活をしいられています。そうした状況から、被災地の復興支援のあり方に見直しをせまる声も上がりました。

過去の地震に学ぶ③

阪神・淡路大震災≪家屋倒壊≫

阪神・淡路大震災は、国内で初めて近代的な大都市を直撃した直下型地震でした。とりわけ住宅の倒壊被害が大きく、被災地には全国から大勢のボランティアがかけ付けました。

日本で初めて近代都市をおそった直下型地震

1995年1月17日午前5時46分、淡路島北部の深さ16kmを震源とするマグニチュード7.2の大地震が発生。阪神・淡路大震災と命名されたこの地震では、神戸市の一部地域が震度7に達し、死者は6400人に上りました。阪神・淡路大震災は、日本において高度に発展した近代都市を直撃した初めての直下型地震とされ、高速道路やビルが倒壊する光景をとらえたニュース報道は世界中の人々に大きな衝撃を与えました。

この地震で人が亡くなった原因の多くは、住宅の倒壊や家具の転倒などにより下敷きになったことでした。人々が就寝中の早朝に発生したためすぐに逃げられなかったことが、多くの悲劇をまねいたのです。

大きな揺れや火災によって市街地は壊滅的な被害を受けた。

旧耐震基準の住宅で倒壊被害が多発

とくに家屋倒壊の被害は大きく、全壊10万棟、半壊14万4000棟に上りました。都市型の直下型地震であったことに加え、当時は旧耐震基準で建てられた住宅が多く残っていたのが大きな原因です。

1981年に定められた新耐震基準は震度6強～7程度の揺れに耐えられますが、旧耐震基準では震度5程度しか想定されていませんでした。倒壊被害を受けた住宅は、この旧耐震基準の住宅に集中していました。大きな揺れで1階の柱が抜けるなどして耐震性が低下し、2階の重みに耐え切れず倒壊する住宅が多く見られました。こうした被害を教訓として、2000年には耐震基準が改めて見直され、現在はより地震に強い住宅が建てられるようになりました。

ボランティア活動が定着するきっかけに

1995年は、「ボランティア元年」とも呼ばれます。これは阪神・淡路大震災の被災地に全国から大勢のボランティアがかけ付けたことが理由です。これ以後、大規模災害の被災地にはボランティアが集まる姿が定着して復興を支える大きな力となっています。

過去の地震に学ぶ④

熊本地震≪土砂災害≫

熊本地震では最大震度7の地震が28時間以内に2回発生するなど大きな揺れが連続して起こりました。崩れやすい地盤が広がる地域では、土砂災害による被害も多発しました。

震度6~7レベルの大地震が繰り返し発生

熊本地震は、2016年4月14日以降に熊本県や大分県をおそった一連の地震をさします。活断層が動いたことによる直下型地震でした。

この震災がほかに類を見ないのは大きな地震が短時間に繰り返し発生したことです。14日21時26分にマグニチュード6.5の地震が起こり、16日午前1時25分には最初の地震よりも大きいマグニチュード7.3の地震が発生。いずれも最大震度は7に達しました。

以前、気象庁では大きな地震が起こると、それよりも規模が小さい余震への警戒を呼びかけていました。ところが熊本地震では、最初の地震よりも強い地震が発生したため、現在では最初の地震と同程度か、それ以上の地震が起こる可能性があると注意を呼びかけています。

熊本のシンボルである熊本城も大きな被害を受けた。

土砂災害が多発して被害が拡大

熊本地震による被害は死者200人以上、家屋の全壊は8000棟に上りました。

被害拡大をまねいた原因の1つは、約190ヶ所におよんだ土砂災害です。熊本や大分などの広い範囲で土石流や地すべり、がけ崩れといった土砂災害が確認されました。土砂災害の影響により道路が不通になるなどして支援が遅れたほか、ライフラインも大きな被害を受けて一部地域では3ヶ月も断水が続くなどして、被災した人々は厳しい避難生活をしいられました。

がけ崩れ

地すべり

土石流

火山灰でつくられたもろい地盤が土砂災害の原因

熊本地震で土砂災害が多発したのは、この地域の地盤が阿蘇山の火山灰で形成され、比較的やわらかく崩れやすいことが原因と考えられています。地下水を多く含む火山灰の層が地震の揺れによって強度をうしなって地すべりを起こすという、液状化現象によく似た「流動性地すべり」も確認されました。

この地震では、日本三大名城の1つに数えられる熊本城も石垣が崩れるなど大きな被害を受けました。震災復興のシンボルとして復旧作業が優先して進められ、2021年3月には天守閣が復旧を果たしています。

過去の地震に学ぶ⑤

関東大震災≪火災旋風≫

過去に国内最大の被害者を出した震災が、約100年前に発生した関東大震災です。とくに火災による被害はすさまじく、各地で「火災旋風」が発生し市街地を焼きつくしました。

国内最大級の被害を出した大震災

過去に国内最大級の被害を出した大地震が、1923年9月1日11時58分に発生した関東大震災です。相模湾を震源とするマグニチュード7.9の地震で、フィリピン海プレートと北米プレートの境目で起こったプレート境界型地震でした。この境目は相模トラフと呼ばれ、200～400年の周期で関東大震災クラスの大地震が発生することが分かっています。

関東大震災では、東京、神奈川、千葉、埼玉、山梨といった広い地域で震度6を観測（当時は震度の段階は6が最大。現在の基準では広い地域で震度7だったと推測されています）。死者・行方不明者は10万5000人以上に達し、約37万棟の住宅が火災や倒壊でうしなわれたといわれています。

関東大震災は、日本経済にも大きなダメージをもたらした。

大火災で首都東京に壊滅的な被害

関東大震災では津波や土砂災害などさまざまな被害が発生しましたが、中でも多くの死者を出したのが大火災でした。地震発生がちょうど昼食の時間に重なり火を扱っている家庭が多く、あちこちから火の手が上がったのです。不運なことに、この日は日本列島付近を台風が移動中で関東でも強風が吹いていたことで火災が拡大。焼失面積は34㎢に上り、首都東京に壊滅的な被害をもたらしました。

逃げまどう人々をおそった「火災旋風」

四方を火の手に囲まれて逃げまどう人々をおそったのが「火災旋風」でした。火災旋風とは、炎や熱風が竜巻のように渦巻いて上昇する現象です。

関東大震災では火災旋風が人やものを飲みこみながら移動して市街地を燃やしつくしました。中でも多くの犠牲者を出したのが、4万人もの人が避難所として押し寄せていた旧陸軍の施設跡地で発生した火災旋風で、約3万8000人が亡くなったといわれています。

火災旋風は大規模な市街地火災や山火事などで見られることがありますが、その発生のしくみは完全には解明されていません。東日本大震災で発生したという目撃証言もあり、今後も大地震の発生時には警戒する必要があります。

本書の使い方

本書では、第1章の【シミュレーション&対策】にもっとも多くのページをさいています。シミュレーションのページでは、過去の震災で実際に起きた被害情報にもとづき、さまざまな場所や状況ごとに、どのような状況が発生するかを具体的に示しました。被災した場面をイメージした後は対策のページで、どうすれば被害をおさえられるかを学びましょう。

第2章では事前にできる地震対策、第3章では応急処置、第4章では被災後の生活について解説しています。さらに第5章では、地震についてもっと理解を深めるために、知っておきたい地震用語をまとめました。これらの内容を頭に入れたら第6章の地震・防災クイズで本書の内容をおさらいしましょう。

登場人物の紹介

シミュレーションのページには4人家族の一家が登場します。自分や家族におきかえて読み進め、地震対策のイメージをふくらませてください。

ソウマ…小学校6年生の男の子。サッカーとゲームに夢中。好奇心おうせいだが、少しおくびょうな一面も。

ハルナ…小学校1年生の女の子。お絵描きが大好きで、いつも元気いっぱい。

お父さん…情報通信企業に勤務。平日は都内にあるオフィスビルに通勤している。休日は家族とのドライブが楽しみ。

お母さん…在宅勤務で家にいることが多い。家族と過ごす時間をなにより大切にしている。

目次

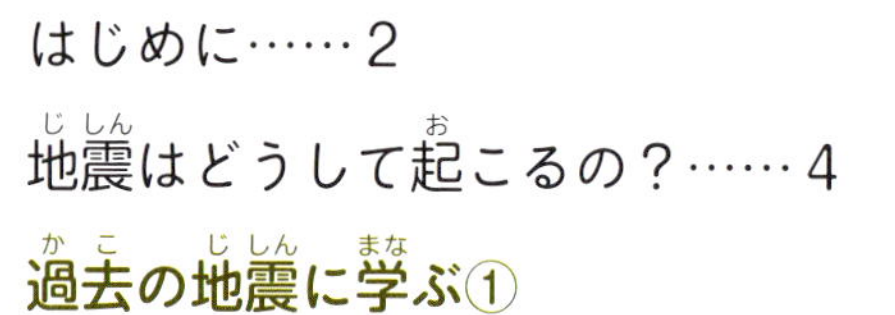

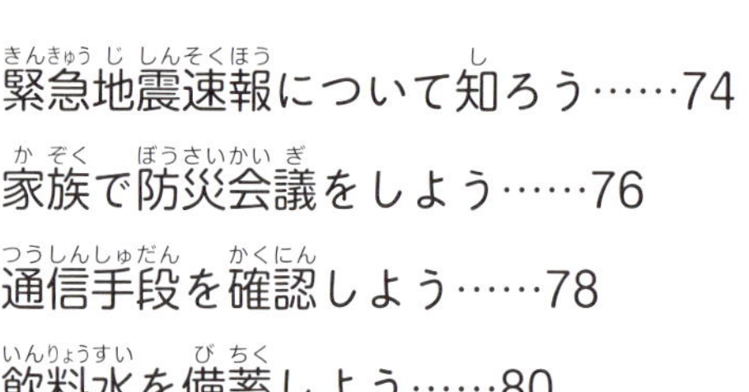
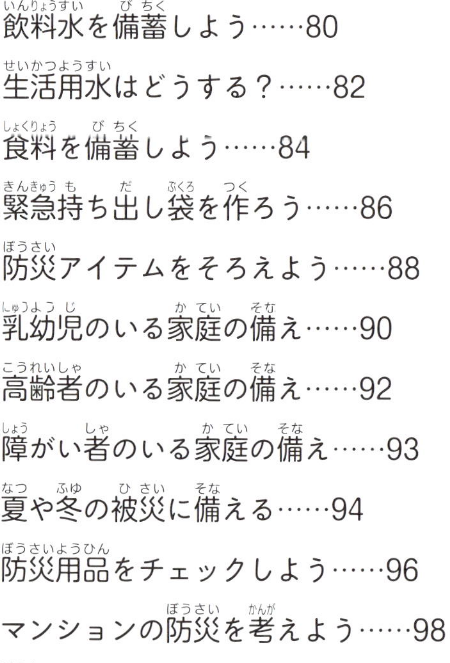

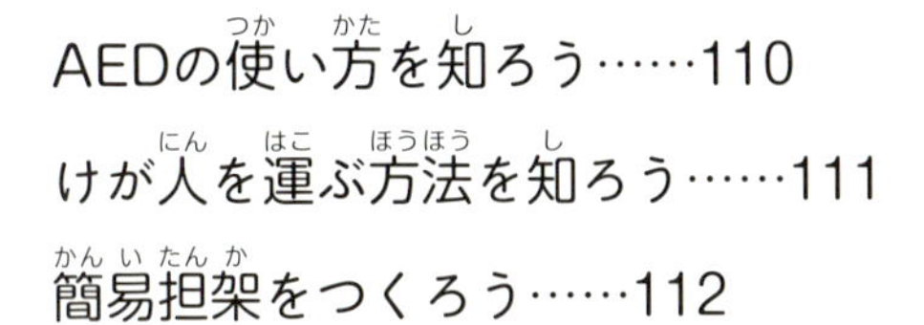

第1章

シミュレーション&対策

地震はいつやってくるか分かりません。家庭や学校、アウトドアなど、場面ごとのシミュレーションを通してどのような被害が予想されるかを知り、それぞれの対策を学びましょう。

東日本大震災の被災地である高田松原で津波に耐えて奇跡的に残った一本の松は「奇跡の一本松」と呼ばれて希望の象徴となった。

シミュレーション

キッチン

冷蔵庫や食器、調理油……
あらゆるものがおそいかかる

キッチンは無数の危険がひそむエリア

いつもと同じおだやかな1日がスタートするはずだった。小学生のソウマが、両親と妹のハルナと食卓を囲み、朝食をいただこうとした、まさにそのとき。ドドーン！という大きな地ひびきとともに、突然、ソウマの体はイスからはね上げられた。わけがわからずぼうぜんと床にうずくまると、「地震だ！」というお父さんの叫び声が耳に入り、ようやく何が起きているかが分かった。はうようにしてキッチンテーブルの下にもぐりこむと、その横でお母さんがハルナにおおいかぶさる姿が目に入った。

テーブルの下からソウマは、キッチンのあらゆるものが凶器となっておそいかかる様子を目にした。食卓に並べられていたコップやお皿は床に投げ出されて破片が一面に飛び散り、食器だなや吊り戸だなの扉が開いて食器や食材が乱暴に飛び出してくる。さらに電子レンジやポットは床に落ち、冷蔵庫までもが大きな音を立てて前に飛び出し倒れた。ソウマは恐怖のあまり目を開けていられなかった。

いったい、どれくらいの時間が経ったのだろうか。ソウマはようやく揺れがおさまっていることに気付いた。おそるおそるキッチンを見渡すと調理器具や食器、油や食材などが散乱して、足を踏み出すスペースも見つからなかった。

Q

キッチンにはどんな危険があるの？

A

次のような多くの危険があるんだ。

◎冷蔵庫や食器だななどが倒れてくる。
◎食器だなや吊り戸だなから食器や食材が飛び出す。
◎調理中の鍋が落下して高温の油や料理などが体にかかる危険がある。
◎電子レンジやポットなどが落ちたり、飛んできたりする。
◎コップやお皿などの破片が床一面に飛び散る。

対策

キッチン

地震発生時はもっとも危険なエリア!
あらかじめ対策して安全を確保

POINT 1 まずは身の安全を確保!

地震が起こるとキッチンは家の中でもっとも危険なエリアになります。倒れたり落ちたりしてくるものから離れ、キッチンテーブルの下などに隠れてください。火の付いたガスを消そうとしてコンロに近付くのは、やけどのもと。まずは火を放っておいて身の安全を守ることを優先し、キッチンから離れましょう。最近のガスコンロやIHクッキングヒーターは、大きな揺れを感知すると自動的に停止するため、あわてて消しに行く必要はありません。事前に家庭にあるガスコンロなどに安全装置が付いているかを確認しておきましょう。

POINT 2 避難経路を確保する対策を

地震発生時にすぐに逃げられるように、あらかじめ避難経路を考えておきましょう。キッチンの入り口付近に大型の冷蔵庫や食器だなを置くと、倒れて避難経路がふさがれるおそれがあります。できれば奥に設置するとともに、突っ張り棒やL字金具などで固定してください。

震度6クラスの地震になると、電子レンジやポットなどは真横に飛んできます。なるべく低い位置に置き、耐震マットなどで揺れても落ちにくい工夫をしましょう。

出しっ放しの状態の包丁がキッチンを飛び交ったという証言もあります。包丁などの刃物類はもちろん、まな板や鍋類もふだんから収納するように習慣付けておくといいでしょう。

POINT 3 重いものはなるべく低い位置に

食器だなの扉には、食器類が飛び出さないようにストッパーを取り付けましょう。割れると危険なガラスや陶器の食器類はなるべく下段に入れてください。たな板に滑り止めシートをしくと、落下防止の効果があります。頭上にある吊り戸だなには割れやすいものは入れず、スポンジやキッチンペーパーなど軽いものを収納しましょう。

安全対策 ここをチェック!

- ☑ 出入り口付近に大型の家電・家具を置かない。
- ☑ 冷蔵庫や食器だなは固定する。
- ☑ 電子レンジなど重いものは低い位置に置く。
- ☑ 食器だなや吊り戸だなの扉にストッパーを付ける。
- ☑ 食器だなの上段や吊り戸だなには割れると危険な食器類を収納しない。
- ☑ 食器だなのたな板に滑り止めシートをしく。
- ☑ 食器だなのガラスに飛散防止フィルムを貼る。
- ☑ 転倒防止のため、足もとにものを置かない。

シミュレーション

リビング

大型テレビや電子ピアノが倒れて
窓ガラスの破片がおそいかかる

くつろぎのスペースにも危険がいっぱい

夕食後にリビングでテレビゲームを楽しむのが、ソウマがなによりリラックスできるひとときだ。隣のローテーブルでは妹のハルナが絵を描いている。

ギュイン、ギュイン、ギュインッ! お母さんが「き、緊急地震速報!」と叫んだ瞬間、つき上げるような衝撃がソウマをおそった。家全体が大きくきしみ、まるで悲鳴を上げるかのような不気味な音がひびく。壁にかかっていた時計や絵画の額が落ち、天井から吊り下げられた照明は今にも引きちぎれそうなほど激しく揺れていた。ソウマは、とっさにソファにうずくまって頭を抱えこんだ。

大型の液晶テレビと電子ピアノが大きな音を立て次々に倒れた。ハルナが下敷きにならなかったのは不幸中の幸いというほかはない。揺れが激しさを増すと、窓ガラスが割れて破片が飛び散った。もはやこの部屋のどこにいても安全ではないと思えた。

ようやく揺れがおさまってソウマが頭を上げると、照明は消え、あたりはまっ暗だった。「2人とも大丈夫?!」と、お母さんがかけ寄ってくる。その手ににぎられた懐中電灯の光は、なにもかもがひっくり返って、ぐちゃぐちゃになったリビングを照らし出した。

Q

リビングにはどんな危険があるの？

家族がくつろいで過ごすリビングにもたくさんの危険があることを知っておいてほしい。

A

- ◎テレビや電子ピアノといった大型家電が倒れたり、飛んだり、押し寄せてくる。
- ◎窓が割れて破片が飛び散る。
- ◎時計や額、観葉植物などが落ちてくる。
- ◎キャビネットや本だななどが倒れてくる。

対策

リビング

大型家電・家具の転倒に注意して窓ガラスからすばやく離れる

POINT 1 家電・家具は転倒防止の対策を

家族のくつろぎのスペースであるリビングには危険がたくさんひそんでいます。まず気を付けたいのが、テレビや電子ピアノ、本だなといった大型の家電・家具。地震の揺れで倒れたり落ちたりしたら下敷きになるおそれがあります。転倒防止ベルトや耐震マットなどの防災グッズでしっかりと対策してください。

あわてて避難しようとすると、かえって危険です。危険なものからすみやかに離れた後は、壁ぎわなどの比較的安全な場所で身をちぢめ、クッションで頭を守るなどして揺れがおさまるまで待ちましょう。

POINT 2 窓ガラスの破片には十分に注意

掃き出し窓などの大きな窓は、リビングを明るく開放的な空間にしてくれます。ところが地震が起こると、窓のガラスが割れて、その破片があたり一面に飛び散り、大けがを負わせる危険な存在になりうるのです。

大きな揺れを感じたら、すぐに窓ガラスから離れましょう。あらかじめ飛散防止フィルムを貼り付けておくと、破片が飛び散るのを防げます。また、窓の近くに倒れやすい家具などを置かないことも大切です。

POINT 3 ソファは安全な場所に置く

壁にかけた時計や額などは落下しますし、吊り下げた照明が揺れて天井にぶつかり蛍光灯や電球の破片がふってくることもありますから、頭上にも注意が必要です。人が過ごすことの多いソファは、家具が転倒したり、頭上からものが落ちたりするおそれのない場所に置きましょう。

壁かけエアコンは地震で落下しないように取り付けられていますが、年数が経過している場合は取り付けネジなどの経年劣化をチェックしてください。

【安全対策 ここをチェック!】

- ☑ テレビや電子ピアノなどは転倒防止対策をする。
- ☑ 窓ガラスに飛散防止フィルムを貼る。
- ☑ ソファは家具の転倒や頭上からものが落ちる心配のない場所に置く。
- ☑ 照明は吊り下げ式よりも天井に取り付けるタイプが安全。
- ☑ 壁かけエアコンの年数が経過している場合は取り付け部の経年劣化に注意。
- ☑ 揺れを感じたら、壁や柱のわきなどの場所に身を寄せる。

シミュレーション

子ども部屋

本だなやタンスがひっくり返り
ベッドからはね飛ばされそうになる

床一面に本やおもちゃが散乱

翌日にサッカーの大会をひかえたソウマはなかなか寝付けなかった。夜がふけて、ようやくうつらうつらとしてきたとき、突然、ベッドがゆらゆらと動き始めた。「これは……夢の中?」。寝ぼけまなこで室内を見わたすと、本だなからマンガ本や辞典がドサドサッと飛び出し、机の上にあった地球儀やフィギュアが放り出された。床に置かれていたサッカーボールは勝手に転がりだした。

「じ、地震だ!」。ソウマは頭からふとんをかぶってカメのように身をちぢめた。揺れは激しくなり、ベッドは床をすべるように動いて体がはね飛ばされそうになる。なすすべもなく必死でふとんにしがみつくと、下半身にズシンという衝撃を受けた。本だながソウマをめがけて倒れてきたのだ。幸いにも動けなくなるほどの痛みではなかったが、恐怖で身動きが取れなくなった。

揺れは1分ほどでおさまったが、気の遠くなるほどの長さに感じられた。懐中電灯を手にしたお父さんがあわてて部屋に飛び込んできたのを見てやっと正気に返る。床一面に散乱した本や洋服の間からスリッパを見つけると、それをはいて慎重に部屋の入り口へと進んだ。お父さんの手が伸び、抱きかかえられると、それまでおさえていた感情が一気に噴き出して涙がこぼれ出た。

子ども部屋にはどんな危険があるの？

次のような危険があることを覚えておいてほしい。

◎本だなやタンス、机などが倒れてくる。
◎出入口付近に家具があると倒れて出られなくなるおそれがある。
◎窓ガラスが割れて破片が飛び散る。
◎マンガ本や百科事典、フィギュア、地球儀など、さまざまなものが落ちてくる。

対策

子ども部屋・寝室

POINT 1 本だなや学習机の配置に注意

子ども部屋は、勉強や遊び、そして就寝など、長時間を過ごすスペースです。地震がいつやってきても身の安全を守れるように備えてください。

もっとも怖いのは、無防備な就寝中の被災です。ベッドはガラス窓から離れた位置に置くか、ガラス飛散防止フィルムなどで対策しましょう。本だなや学習机など大型家具が倒れると下敷きになるおそれがあるため、ベッドのそばに置かないことも大切です。

夜間に地震が発生すると、停電でまっ暗になる可能性もあります。枕もとには懐中電灯と、床に散乱するものを踏んでけがをしないようにスリッパなどのはきものを置いておきましょう。

また、出入り口の近くに家具類があると、倒れて逃げられなくなるかもしれません。あらかじめ避難ルートを想定して配置しましょう。

POINT 2 寝室は就寝中の被災を前提に考える

同様に寝室も就寝中の被災を前提とした対策が必要です。

ベッドの周りに大型家具やテレビなどを置かないのはもちろん、かけ時計などの落下しやすいものの配置にも気を付けてください。枕もとには懐中電灯やはきもののほか、充電したスマートフォンや貴重品などを置いておくと避難がスムーズになるでしょう。

子どもが別室にいる場合は、無事かどうかが気になって大声で名前を呼ぶと、無理に部屋を飛び出そうとするので危険です。「揺れがおさまるまで、ふとんをかぶっておいて!」といった具体的な指示をする方が安全を守ることにつながります。

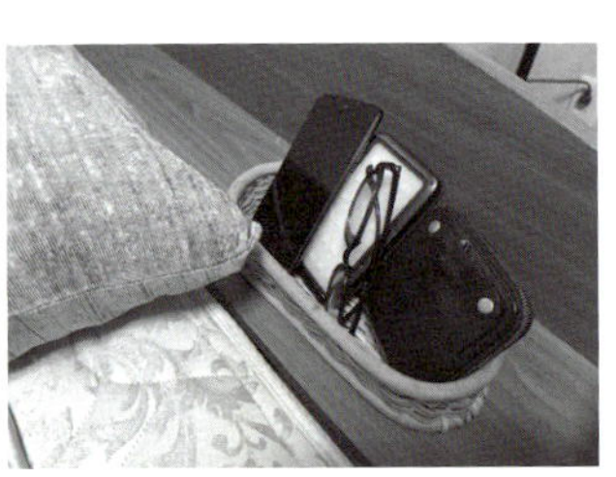

POINT 3 ふとんを防災頭巾の代わりにする

就寝中に地震にたたき起こされても、あわてて移動しようとしないことが大切です。立ち上がると揺れに足をすくわれて転んだり、床に散乱するガラスやとがったものを踏んでけがをする危険性があるためです。やみくもに動くより、揺れがおさまるまではふとんをすっぽりとかぶってカメのように身をちぢめてやり過ごすのが得策です。ふとんが防災頭巾の代わりになって落下物などから身を守ってくれるでしょう。

安全対策 ここをチェック!

- ☑ 寝ている間に地震が起きたら、ふとんをかぶって身をちぢめる。
- ☑ ベッドのそばには、大型家具を置かない。
- ☑ ベッドはガラス窓の近くに配置しない。
- ☑ 出入り口付近に大きな家具や家電を置かない。
- ☑ 枕もとには懐中電灯やスリッパ、貴重品などを置いておく。
- ☑ 夜間に地震におそわれたときの対応について、親子で話し合っておく。
- ☑ 避難する際は、床に散乱したものでけがをしないように十分に気を付ける。

学校

机やイスがダンスを踊るかのように揺れ ランドセルや筆記具が教室を飛び交う

突然の揺れに教室内は大混乱

3時間目はソウマの不得意な算数の授業だった。小テストの問題に苦戦してふと顔を上げた瞬間、突然誰かにイスを思い切り蹴り飛ばされたような衝撃を受け、体が床にずり落ちた。「な、なんだ……?」。教室を見わたすと机やイスがまるでダンスを踊っているかのように揺れている。「みんな机の下に隠れて。早く!」という先生の叫び声が聞こえた。ソウマもみんなも机の下にもぐりこむ。ガタガタと大きく揺れる机の脚を思い切りにぎりしめていないと、そのまま飛んでいってしまいそうだった。

「これは、地震だ!」。ソウマは机の下からこわごわと教室の様子に目を向けた。机やイスが倒れ、教科書や筆記具が散乱する床にうずくまる友だちの姿が見える。教室のロッカーからはランドセルや絵の具セットが飛び出している。ガッシャーン! 大きな音とともに電子黒板が倒れて教壇に激突した。早く終わって……。ソウマはそう祈るほかなかった。

「みんな、校庭に避難!」。先生の声がした。教室には泣き声や叫び声がひびきわたっている。割れた窓ガラスの破片でけがをした友だちもいた。非常ベルのけたたましい音が鳴りひびくと、ソウマは我に返って避難を開始した。

学校にはどんな危険があるの？

校内の場所によって異なる危険があるんだ。

◎教室や廊下の窓ガラスが割れて破片が飛び散る。
◎電子黒板などが倒れてくる。
◎音楽室のピアノが移動して押しつぶされる危険がある。
◎パソコンルームではパソコンなどの機器が落下してくる。
◎校舎のそばにいると、窓ガラスの破片がふってくる場合がある。

対策 学校

まずは自分の身の安全を守り先生の指示にそって行動する

POINT 1 自分の身は自分で守る!

自宅でも学校でも同じですが、地震にあったときにもっとも大切なのは、まず自分の身の安全を確保することです。地震発生時に必ず先生が教室にいるとはかぎりませんし、先生自身がけがをしてすぐに指示を出せない可能性だってあります。そんなときは、自分で冷静に判断して行動するしかありません。

ふだんから「この場所で地震が起きたら、どう行動するか」とシミュレーションをしておき、「自分の命を守れるのは自分だけ」という心構えで行動できるように備えておきましょう。

POINT 2 避難訓練は本番のつもりで参加

校内のどの場所にいたとしても、落ちてくるものや倒れてくるものから逃れることを優先してください。教室で揺れにおそわれたら、机の下にもぐって、机と体が離れないように机の脚を両手でしっかりとにぎりしめましょう。外にいる場合は、校舎や校門、遊具、サッカーゴールなどからただちに離れ、校庭の中央に避難してください。

学校では定期的に避難訓練が実施されます。つねに本番さながらの真剣な気持ちで参加し、先生から説明されたことをしっかりと頭に入れておきましょう。

POINT 3 勝手な行動をしないで

学校では、地震などの災害から子どもを守るために防災マニュアルを作成しています。一人が勝手な行動を取ると、学校の安全管理は難しくなります。家が心配だからといって自分だけの判断で行動して危険に巻きこまれた例は少なくありません。学校は、生徒全員の安全が確認できなければ、次の行動が取れずに混乱してしまいます。自分だけではなく友だちの安全を守るためにも、勝手な行動はしないようにしましょう。

地震が発生したら、こんな行動を!

- ☑ 普通教室→机の下に隠れ、机の脚を両手でしっかりとにぎりしめる。
- ☑ 体育館 → ガラスや照明器具などの落下に気を付けて体育館の中央に避難する。
- ☑ 校庭 → 校舎をはじめとした建物や校門、遊具、サッカーゴール、モニュメントなどから離れ、校庭の中央に避難する。
- ☑ 特別教室 → 基本的には普通教室と同じく机の下に隠れる。音楽室のピアノ、理科室の実験器具など、危険なものがある場合は離れる。
- ☑ 廊下 → ガラス窓から離れて廊下の中央にうずくまって頭を守るか、近くの教室に入って机の下に隠れる。

シミュレーション

通学路

通り慣れた路地の両側から
危険なものがおそいかかる

道路が波打つように大きく揺れる

ソウマは通い慣れた通学路を歩いて学校に向かっていた。隣を歩く妹のハルナが「今日ね、席替えがあるの」と、うれしそうに話し始めたそのときだった。ドドドドッ! という地ひびきとともに地面が大きく揺れ、立っていられなくなった2人はその場にしゃがみこんだ。路地にあるブロック塀がガタガタと音を立て、電線がビュンビュンとうなりを上げている。ソウマはとっさに妹のハルナを抱きかかえた。近くの家の屋根瓦がガラガラと音を立て次々に落ちるのが見えた。電柱は大きくしなって今にも倒れそうだ。

「ここにいたら危ない」。そう思った瞬間、2人をかすめるように自動販売機がドーンと倒れてきた。まさに危機一髪の状況だった。「に、逃げなきゃ」と思ったが、道路は波打つように揺れ続けており、とても立って歩くことはできない。少しでも危険を避けようと、はうようにして道のまん中に移動した。

数分後、揺れがおさまり妹の無事を確認したソウマは、家に帰るか、そのまま学校に向かうか迷った。家にいるはずのお母さんのことも心配だった。それでも「通学路で地震にあったら校庭に避難する」と、以前に家族と話し合ったことを思い出し、泣き続けるハルナの手を取ってほこりが舞う道を歩き始めた。

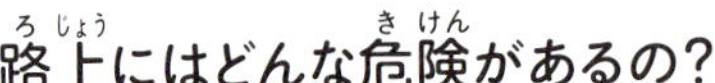

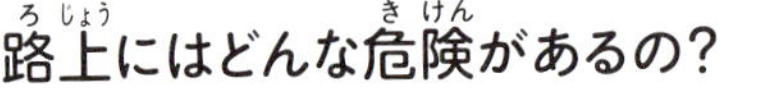

Q 路上にはどんな危険があるの？

A 大きな地震が起こると、通り慣れた路地の光景は一変してしまうんだ。

◎ブロック塀や自動販売機が倒れこんでくる。
◎電柱が大きくしなって倒れ、電線が切れる。
◎自動販売機が倒れてくることがある。
◎屋根瓦が落ちてくる。
◎コントロールをうしなった自動車にも注意が必要。

対策

通学路

危険なものからすぐに離れ
頭を守り身の安全を図る

POINT 1 ブロック塀や電柱などを避ける

通学路で地震にあったときは、ブロック塀や電柱が倒れてくることもありますし、頭上から屋根瓦や看板が落下してくるなど、危険がいっぱいです。地面が大きく揺れていると歩きづらいかもしれませんが、はってでも危険の少ない場所に移動してください。その際は走行中の車にも十分に注意しましょう。

揺れがおさまるまでは、その場でカメのように体を丸めて、頭はランドセルやかばんなどでガードします。揺れがおさまっても大きな余震が起こる可能性があるため、避難するときは危険なものに近付かないようにしましょう。また、切れた電線には絶対に触ってはいけません。

POINT 2 あらかじめ避難先を決めておく

登下校中に地震が発生したら、家と学校のどちらに避難するか、きっと迷うはずです。どちらかを選べば必ず安全という答えはありません。もっとも避けたいのは、どの場所にいるかが分からなくなってしまうことです。あらかじめ家族で話し合い、「学校で待機して、親が迎えに行く」「その時点で近い方に向かう」など、ルールを決めておきましょう。また、学校が通学路で被災した場合の方針を示していることもあるので確認しておきましょう。

オリジナルの防災マップをつくろう

家の周りにはどのような危険がひそんでいるか、オリジナルの防災マップをつくりましょう。保護者と一緒に通学路や駅までの道などを歩き、危険な場所や避難できるスポットの写真を撮影するなどしてマップにまとめます。地震による危険だけではなく、水害や不審者への対策なども盛りこむと、いっそう役立つマップになるでしょう。夏休みの自由研究のテーマにもぴったりです。

ただし、避難で向かおうとする先で火災が発生していることも考えられます。その場合、子ども自身が判断して危険を逃れなければならないことも想定しておく必要があります。

こんな視点で近所を歩いてみよう

《危険がひそんでいる場所》

- 倒れそうなブロック塀
- 落ちてきそうな屋根瓦や看板
- 自動販売機
- ガラスが割れて落ちてきそうな建物
- 崩れそうな崖や斜面
- 街灯が少なく暗い場所

《避難場所や防災の助けになる情報》

- 避難できる公園
- 津波の危険があるときに避難できる高い建物
- 非常時に逃げこめる場所（子ども 110 番の家など）
- 公衆電話の場所

地震が発生したら、こんな行動を!

- ☑ 倒れそうなものや落ちてきそうなものから離れる。
- ☑ うずくまってランドセルなどで頭を守る。
- ☑ 揺れがおさまったら、あらかじめ決めておいた場所に避難する。
- ☑ 避難の際は火災や土砂崩れなどの危険がないか注意する。

シミュレーション

繁華街

頭上から看板やガラス片が落下して街灯や自動販売機が倒れてくる

交通機関がストップして帰宅が困難に

週末、ソウマは友だちと一緒に駅前のカードショップに買いものに出かけた。お目当てのカードをゲットしてほくほく顔で帰ろうとしたそのとき、地面がうねるように揺れ始めた。街灯が振り子のように揺れるのを見て地震だと気付いたソウマは、とっさに友だちの手を引っ張り、近くの街路樹の下に身を寄せた。以前に防災訓練で、街路樹の枝が落下物から身を守ってくれる場合があると学んだからだ。

そこから目にした光景は衝撃的だった。雑居ビルからガラスの破片やコンクリート片がバラバラとふりそそいでいる。大きな看板がビルの上から落ちてきて大音響を立てた。電柱や街灯、そして自動販売機までもが次々に倒れる。そんな危険な町なかを通行人が悲鳴を上げて逃げまどう姿が見えた。2人は声を出すこともできず、町が破壊されていく様子をただ見つめていた。

地震がおさまると、周囲の建物から大勢の人が出てきて歩道はごった返した。2人は「だ、大丈夫?」と、お互いの無事を確かめるとバス停に向かったが、バスは動かないかもしれないと考え直し、徒歩で帰ることにした。友だちが一緒だったのでちょっぴり勇気付いたけれど、路上に散乱する大量の落下物や倒れた電柱を見て、帰宅にはかなりの時間がかかりそうだと不安な気持ちになった。

繁華街にはどんな危険があるの？

多くの人でごった返す繁華街には、いろいろな危険があるんだ。

- ◎ビルからガラス窓の破片やコンクリート片がふりそそぐ。
- ◎看板類が落下したり、自動販売機が倒れたりする。
- ◎電柱や街灯が倒れてくる。
- ◎古い建物は倒壊するおそれがある。
- ◎交通機関がまひして移動が困難になる。

対策

繁華街

落下物や倒れてくるものに注意し
安全に避難できる場所を探す

POINT 1 繁華街は危険が多いことを知る

繁華街を防災の視点から眺めてみると、さまざまな危険がひそんでいることに気が付くでしょう。もっとも危険なのは落下物です。看板や装飾物のほか、エアコンの室外機などが落ちてくるかもしれませんし、割れたガラスやビルのコンクリート片が頭上からふりそそぐおそれもあります。

倒れてくるものからも身を守る必要があります。自動販売機や電柱、電灯、標識などに加え、阪神・淡路大震災ではビルそのものが倒壊した被害もありました。歩道を歩いていれば安全という常識は、非常時にはまったく通用しないのです。

POINT 2 建物から離れて頭をガード

繁華街でグラッときたら、まずは落下物から逃れることを考えてください。すぐに建物から離れて、かばんなどで頭をガードします。歩道よりも道路のまん中の方が安全な場合もありますが、ハンドルを取られてコントロールをうしなった車が突っこんでくるおそれもあるので十分に注意が必要です。

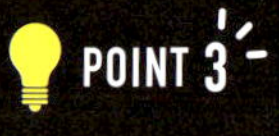

POINT 3 大きな建物や地下街に避難

近くに大きな建物があれば、そこに避難するのもいいでしょう。オフィスビルやホテルといった大規模な建物であれば倒壊などの危険はまずありません。ただし、照明の落下やガラスの飛散などには十分に注意してください。地下鉄や地下街の入り口があれば逃げこむという手もありますが、階段を下りる際には転ばないように気を付けてください。

避難できる場所が見当たらなければ、じょうぶなもののかげに身を寄せます。大きな街路樹の下は、頭上をおおう枝葉が落下物から守ってくれる場合もあります。また、停車中の車の横にかがんでぴったりと寄りそい、かばんなどで頭を守って揺れがおさまるのを待つという方法もあります。そのように繁華街では、その場の状況に応じて臨機応変な行動が求められることを知っておいてください。

地震が発生したら、こんな行動を!

- ☑ 落下物や倒れてくるものに備え、建物から離れる。
- ☑ 大きな建物や地下街など避難できる場所を探す。
- ☑ 古い建物の倒壊に注意する。
- ☑ コントロールをうしなった車に注意する。
- ☑ 街路樹や車など、じょうぶなもののかげに隠れることも考える。
- ☑ 人がパニックになって殺到している場所には行かない。
- ☑ 揺れがおさまったら交通機関の状況を確認する。

シミュレーション

スーパー

大量の商品が床に散乱して パニック状態の客が出口に殺到

ビン類などの危険なものがふってくる

お母さんはハルナを連れて近所のスーパーで買いものをしていた。ちょうど夕食前の時間帯とあって店内はごった返している。1人でお菓子コーナーに行こうとしたハルナに、「離れないで。迷子になるよ」と声をかけた瞬間だった。ドンッと、激しく突き上げられると同時に、商品だなから商品が一斉にふりそそいだ。

幸いカップ麺などが陳列されたコーナーだったため、ふってきた商品でけがをすることもなく、ハルナを抱きかかえて大きな柱の下に座らせた。ビン類が陳列されているたなのあたりから落下物がガシャーン、ガシャーンと割れる音がひびいてくる。

もし、商品だなが倒れてきて、「ハルナが1人で下敷きになっていたら……」と思うと、心底ゾッとした。

お店の出入り口には、パニックになった大勢の客が殺到している。一瞬お母さんもそこに向かおうとしたが、子どもが群衆にモミクチャにされているのが目に入り、その場にとどまった。

やがて揺れがおさまると、「落ち着いて、こちらから避難してください」という店員の大きな声が聞こえてきた。お母さんはハルナの手を引き、床に散乱しているものに注意しながら慎重に出口へと進んでいった。

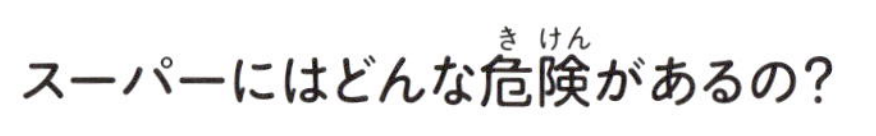

スーパーにはどんな危険があるの？

スーパーやコンビニで買いもの中に地震にあったときの危険について知っておこう。

◎大量の商品が落下してくる。
◎ビン類などの破片でけがをする危険がある。
◎商品などが散乱して避難経路が確保しづらい。
◎大勢の客がパニックになって出入り口に殺到する。

対策

スーパー

雨あられとふりそそぐ商品に注意し スタッフの誘導にしたがって避難

POINT 1 大きな柱の下や広い通路に逃れる

スーパーマーケットで地震にあったときは、たなに並べられた商品が雨あられとふってくる状況から逃れることが先決です。とくにビン類や電化製品、台所用品など危険なものが多いコーナーからはすぐに離れてください。買いものカゴがあれば、ヘルメット代わりにかぶってしまうのもおすすめです。ただし、頭にくっ付かないように両手で少し持ち上げてかぶってください。

商品だなはしっかりと固定されていることが多いのですが、絶対に倒れないとはかぎりません。大きな柱の下に身を寄せたり、できるだけ広い通路に移動したりして身を守ってください。

地震の影響による停電も起こるかもしれません。しかし、それは一時的なもので、すぐに非常照明がつくので冷静に行動しましょう。

POINT 2 百貨店はフロアごとに危険度が異なる

百貨店などにいる場合も、飛び交う商品から身を守るという基本的な対策は変わりません。大型家具・家電など危険の大きいフロアにいる場合は、展示品の少ないスペースや階段のおどり場など安全な場所に身を寄せましょう。

大型ショッピングセンターでは、ショーウインドウのガラスにも気を付けなければなりません。飲食店などから火災が発生するおそれもあります。身を守りながら周囲の状況を注意深く観察しましょう。大型のショッピングセンターは厳しい耐震基準があり倒壊する危険はほとんどありません。あわてて外に飛び出す方が危ないため、落ち着いて行動してください。

あわてずスタッフの指示にしたがう

スーパーやショッピングセンターといった商業施設で怖いのは、たくさんの人がパニックになって出口や階段などに殺到することです。みんなが向かっている方向に正しい避難先があるとはかぎりません。

商業施設では安全管理の方法が定められており、スタッフによる防災訓練も定期的に実施されています。自分の判断であわてて行動するよりも、スタッフの誘導にしたがって避難する方が安全です。

地震が発生したら、こんな行動を!

- ☑ 商品だなから落下してくる商品に備える。
- ☑ 買いものカゴがあれば、かぶって頭を守る。
- ☑ 大きな柱の下や広い通路などに逃れる。
- ☑ ショッピングセンターなどではショーウインドウのガラスに気を付ける。
- ☑ 客がパニックになって殺到する状況に注意し、スタッフの避難誘導にしたがう。

シミュレーション

運転中

ハンドルが取られて危険な状態になり停車後は激しく車体が揺れる

タイヤがパンクしたような強い衝撃

連休を利用して、ソウマの家族はキャンプ場に向かって車を走らせていた。車のトランクにはキャンプグッズが山積みで、ルーフにも荷物をのせている。高速道路を順調に通過して一般道に入ったときだった。運転席のお父さんが「えっ、パンク?」と驚いた声を上げたかと思うと、車がグラリと左右に大きく揺れた。助手席のソウマがびっくりして運転席を見ると、お父さんは必死の表情でハンドルをにぎりしめ、そのままスピードを落として道路の左側に停めた。

「地震みたいだ」。お父さんが口にした。まるでトランポリンの上に乗っかってしまったかのように車体が上下に激しく揺れている。車内にいてもかなり大きな地震ということが伝わってきた。そっと窓から外をのぞくと街灯や街路樹が大きく揺れていた。

揺れがおさまると、お父さんがカーラジオをつけた。放送では「大きな地震が発生しました」と何度も言うだけで、詳しいことは分からなかった。お父さんがあきらめたかのように「このまま車を走らせるのは危険かもしれない。いったん外に出よう」と、車をおりて、すぐ後ろに停車している車のドライバーに話しかけた。しばらくすると戻ってきて、近くに避難場所に指定された公園があるといい、車をその場所に置いて避難所に向かうことになった。

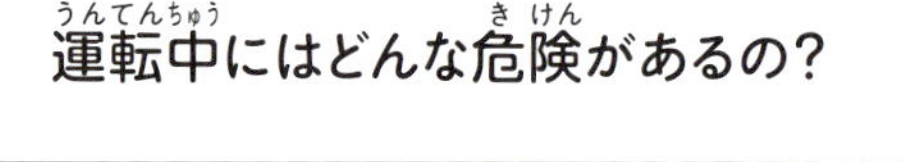

運転中は事故の危険があるため、とにかく落ち着いて行動することが必要なんだ。

◎パンクしたときのようにハンドルを取られた状態になる。
◎コントロールをうしなって衝突事故を起こす危険がある。
また、別の車から衝突されるおそれがある。
◎道路の亀裂や陥没が起こって事故を起こしたり、
通行できなくなったりすることがある。

対策

運転中

車を安全に停止させてから カーラジオなどで情報を収集

POINT 1 周囲をよく確認して停車させる

運転中の地震は、震度4程度までは気付きにくいのですが、震度5を超える揺れになるとタイヤがパンクしたときのようにハンドルを取られてしまいます。あわててブレーキを強く踏むと後続車から追突されるおそれがあります。落ち着いて周囲の状況と後続車を確認し、ハザードランプを点滅させ、ゆっくりとスピードを落として道路の左側に停止させましょう。近くに駐車場や空き地がある場合は、そこに停めるとより安全です。橋やトンネルの中は危険ですので、できればすぐに通過したいところです。揺れが激しくいったん停車させたとしても、できるだけすみやかに通過して、安全な場所に停めてください。

停車後はあわてて車外に出ると危険です。カーラジオをつけて地震情報や交通情報を収集し、状況に合わせて行動してください。周囲の被害が小さく見えても、揺れの大きかった地域に近付くと、道路の破損や障害物、信号機の停止などにより走行が難しくなる場合もあります。無理に運転しようとせず、待機や近隣の避難所に身を寄せることなども選択肢に入れて検討しましょう。

POINT 2 避難時はキーを置いていく

その場から避難するときは、できるだけ駐車場などの道路外に駐車してください。やむをえず道路に停めて避難する場合は、エンジンを停止して窓を閉め、ドアのロックはかけずにエンジンキーも付けたままにするか、分かりやすい場所に置いておきましょう。そして、貴重品や車検証を持ち、フロントガラスなど見えやすい場所に連絡先のメモを残して車から離れます。

その状態で車を離れるのは心配かもしれませんが、緊急車両や救援車両の通行のさまたげになる場合に移動させるために必要な対応になります。

POINT 3 緊急時以外、避難には車を使わない

避難に車を使うのはひかえましょう。緊急車両などの通行をさまたげ、救助や支援を遅らせてしまうことがあるからです。また、避難しようとする車で道路が渋滞して立ち往生してしまうおそれもあります。

津波からの避難など緊急的に車を使うケースでは、道路の状況に合わせて十分に注意しながら運転してください。

地震が発生したら、こんな行動を!

- ☑ ハザードランプを点滅させて、ゆっくりとスピードを落として、道路の左側に停車させる。
- ☑ 急ハンドルや急ブレーキは避ける。
- ☑ 近くに駐車場や空き地がある場合は、そこに停める。
- ☑ 停車後は、カーラジオなどで地震情報や交通情報を集める。
- ☑ 避難時は、ドアをロックせず、エンジンキーは車内に残しておく。
- ☑ 津波からの避難など緊急時を除き、避難に車を使わない。

シミュレーション

電車

緊急停止による衝撃が乗客をおそう
長時間車内に閉じこめられるおそれも

乗客が倒れてあちこちから悲鳴が上がる

お母さんはハルナと一緒にショッピングをしようと、隣町まで電車で向かっていた。シートに隣り合わせて座りおしゃべりをしていると、ドンッというにぶい音がひびき、2人の体ははね飛ばされそうになった。なんとかハルナの体を抱きかかえて耐えていると、電車はガリガリガリッという音を立て急停車。その衝撃で網だなに置かれていたかばんがドサドサッと落ちてくる。車内に立っていた乗客は折り重なるように倒れ、あちこちから悲鳴が上がった。

その直後、「大きな地震を検知したため、緊急停止しました」という車内アナウンスが流れた。停車した電車はギシギシという悲鳴のような音を上げて左右に激しく揺れている。お母さんはハルナを抱きしめたが、かける言葉もないままに体をふるわせていた。

やがて揺れがおさまると、「ただいま、安全確認を行っています」といったアナウンスが流れたが、なかなか運転は再開しない。車内のあちこちからうめき声が聞こえてくる。その後も何度か電車は揺さぶられ、そのたびに恐怖の声が上がった。電車からおりられたのは2時間後。乗務員の指示で線路に下り、100m ほど線路を歩いて駅に向かった。その途中、線路沿いの住宅から火災の煙が立ち上っているのが見え、地震の被害の大きさがありありと伝わってきた。

Q 電車にはどんな危険があるの？

A 地震発生時に電車内にいるか駅構内にいるかにより異なる危険があると知っておこう。

◎緊急停止により、人が倒れたりものが落ちたりする。
◎長時間、車内に閉じこめられるおそれがある。
◎駅では看板や照明などが落下してくるおそれがある。
◎駅の階段に人が殺到することなどによる群衆事故が起こるおそれがある。

対策

電車

**大きな地震があると電車は緊急停止
まずは転倒や落下物から身を守る**

POINT 1 日頃から急停車に備えておく

電車は強い揺れを感知したり緊急地震速報を受信したりすると緊急停止します。緊急停止のアナウンスが流れたら、手すりや吊り革にしっかりとつかまったり、座っているときは足を踏ん張って前かがみになるなどして、急停車による衝撃に備えましょう。網だなの荷物は頭上だけでなく、遠い位置から飛んでくる場合もあります。落下物に備えて、かばんなどで頭を守ることも大切です。

大きな地震ではアナウンスなしで緊急停止する場合もあります。スピードが出ている状態の電車の急停止はかなり危険です。地震でなくとも急停止は起こりうることですから、日頃からその危険性を意識するように心がけましょう。

POINT 2 安全点検が終わるまで車内で待機

震度5程度以上の地震になると、安全点検による運転見合わせが行われます。運転再開までの時間は、地震の大きさや被害状況、さらに鉄道会社の点検基準などによって大きく異なります。点検は、保守員が歩いて線路の状況を確かめるケースが多いため、数時間を要するケースもめずらしくありません。長時間車内に閉じこめられるのはかなりの苦痛をともないますが、非常用ドアコックを使って勝手に車外に出るなどの行為は危険なので絶対にやめてください。線路の状況によっては、乗務員の指示によりその場で電車からおりて駅まで歩くように求められることもあります。

POINT 3 駅のホームでは落下物に注意

駅のホームでグラッときたときは、看板や照明などの落下物に備え、かばんなどで頭を守りましょう。移動できそうなら、転倒して線路に落ちないように注意しながら柱の下など比較的安全な場所に避難します。

あわてて逃げようとして階段や出口にかけこむと、群衆事故に巻き込まれるケースもあり大変危険です。また、ホームが混雑していても線路にはおりないようにしてください。

地震が発生したら、こんな行動を！

☑ 緊急停止に備え、手すりや吊り革にしっかりとつかまる。
座っている場合は足を踏ん張って前かがみになる。

☑ 網だなからの落下物に備えて頭をガードする。

☑ 非常用ドアコックを使って外に出ない。

☑ 駅のホームで被災した場合は、落下物に気を付けて、
できるだけ安全な場所に移動する。

☑ ホームから線路にはおりない。

シミュレーション

オフィス

モニターなど危険なものが飛び交う
「帰宅困難者」になるおそれも

パソコンやコピー機がおそいかかる

都内の企業に勤めるお父さんは、高層ビルの 15 階のオフィスに通勤している。その日も午前中の業務をせわしなくこなし、ランチに出ようとしていたときだった。突然、部屋が激しく揺れ始め、机の上のモニターや書類が床に投げ出された。あわててデスクの下にもぐりこむが、揺れは激しさを増し、スチールラックやコピー機などあらゆるものが倒れて床に転がった。ビル全体が大きくしなるように揺れ、このまま折れてしまわないかと恐怖心におそわれた。

数分が経過したが、お父さんはめまいのような状態におそわれ、揺れがおさまっているのかよく分からなかった。それでも家族が心配でポケットからスマートフォンを取り出して電話をするが、つながらない。固定電話からかけてもムダだった。

周囲のうめき声に気付き、スチールラックの下敷きになった同僚を助け出す。飛んできたモニターが頭に直撃して出血している社員もいたが、幸いにも救急搬送が必要なほどの重傷者はいないようだ。

さて、この後はどうするか。一刻も早く帰宅し家族の無事を確認したいが、電車は動かないだろう。歩けばゆうに4時間はかかる道のりだ。地震に備えて用意しておいたスニーカーにはき替えてから情報を集め、どのタイミングで家に向かうかを検討することにした。

オフィスにはどんな危険があるの？

倒れたり落下したりしてくるものが多く、たくさんの危険がひそんでいるんだ。

◎ OA 機器や書類だなが倒れたり、パソコンのモニターやさまざまな備品が落下したりしてくる。
◎高層階の場合は揺れが激しくなり、オフィス内のものが倒れる被害が大きくなる。
◎交通機関が動かなくなって身動きが取れなくなり、「帰宅困難者」になるおそれがある。

対策

オフィス

都心では帰宅困難者が大量発生 事前の備えをもとに柔軟な行動を

POINT 1

距離が 20km を超えると帰宅困難に

大きな地震が起こると電車やバスといった交通機関がストップするため、オフィスなどからの帰宅困難者が大量に発生します。国では帰宅距離が 20km を超えると「帰宅困難」としており、平日の昼 12 時に首都直下型地震が発生した場合、都心部で約 650 万人もの帰宅困難者が発生すると予想しています。

これほど多くの人たちが一斉に歩いて帰宅しようとすると、道路は大混雑して救援活動などのさまたげになるほか、集団で転倒するような事故が起こる可能性があります。さらに火災や余震による落下物など、被災地の移動には危険が付きまといます。そのため、国では帰宅困難となっても、むやみに移動を開始しないようにと呼びかけています。

家族との安否確認の方法を決めておく

帰宅困難者が急いで家をめざす理由としては、家にいる家族が心配なことが大きいでしょう。電話がつながらない場合はなおさらです。そこで、事前に「災害用伝言ダイヤル171」など、電話以外で安否確認ができる方法を決めておきましょう。家族の無事が確認できさえすれば、移動の危険が小さくなるまでオフィスに滞在するといった柔軟な判断をしやすいはずです。

POINT 3 徒歩で帰るための備えをしておく

帰宅困難者の発生に備え、最近は従業員が施設内にとどまれるように水や食料などを備蓄する企業が増えています。また、東京都では行き場のない人を公共施設などで3日間受け入れる一時滞在施設の整備も進めています。

個人の対策としては、徒歩で帰宅することを想定し、スニーカーや飲料水、懐中電灯、携帯ラジオ、地図などの対策グッズをオフィスに準備しておきましょう。また、家族の心配を少しでも軽くできるように、状況によってはすぐに帰らない選択をすることを伝えておきましょう。

地震が発生したら、こんな行動を!

- ☑ 大きな揺れを感じたら、まずはデスクの下にもぐるなどして身の安全を守る
- ☑ 帰宅困難となっても、今帰宅するのがベストなタイミングかをよく検討する。
- ☑「災害用伝言ダイヤル171」など家族との安否確認の方法を決めておく。
- ☑ あらかじめ徒歩での帰宅を想定し、対策グッズを準備しておく。

シミュレーション

海岸・山

揺れが小さくても津波の危険
一刻も早い避難が必要

津波発生を知らせる警報が鳴りひびく

ソウマの家族は夏休みに海水浴場に訪れていた。ひとしきり遊んでビーチでお弁当を食べている最中、「地震じゃないか?」と、お父さんが不安げな顔をする。揺れに気付かなかったソウマが気にせずおにぎりをほおばろうとしたとき、突然、海辺に津波の発生を知らせる警報がこだました。

「津波がくる。避難するぞ」。お父さんが海岸のそばにある高台を指さす。ソウマが急いで遊び道具を片付けようとすると、お父さんは「そのままでいいから、早く!」とせかした。

周囲ではたくさんの海水浴客が高台をめざして走り出していた。あたりを見わたすと、ライフセーバーが赤と白の格子模様のフラッグを大きくふる様子が目に入る。海の中でサーフィンをしていた人たちは急いで岸に戻ろうとしていた。

高台までは避難経路を示す看板がありスムーズにたどりつくことができた。眼下に広がる海を眺めると、沖から大きなうねりが押し寄せてきていた。それなのに海岸にはいまだにまごついている人影があり、道路上には危険な方向に進む車の姿が見えた。お父さんは、届くはずもないのに「そっちはダメだ!」と声をはり上げた。ソウマは一目散に逃げてきてことで命が助かったことを痛感した。

Q 海や山にはどんな危険があるの？

A 自然の中で遊ぶときは、町なかとは違う災害リスクがひそんでいることを知っておこう。

◎揺れの大きさにかかわらず、海辺や川辺には津波が押し寄せてくる危険がある。

◎津波は1回ではおさまらず、繰り返しおそってくる。

◎山では、落石や土石流などの土砂災害に巻き込まれるおそれがある。

対策

海岸・山

揺れの大きさにかかわらず
津波を警戒して1秒でも早い避難を

POINT 1 すぐに避難する心構えが命を守る

海の近くで地震の揺れを感じたら、とにかく1秒でも早く避難を開始することが肝心です。気象庁では地震が発生してから約3分を目標に津波警報・注意報を出しますが、津波は、早ければ数分で岸に到達します。警報を待っていたら避難が間に合わないこともあるのです。

「津波が見えたら」逃げようという考えも非常に危険です。津波の速度は非常に速く、人が走って逃げ切れるものではありません。

小さな揺れだからと油断してはいけないのも津波の怖いところです。1896年に起こった明治三陸地震では沿岸地域の震度は2〜3程度でしたが、大津波によって2万2000人もの死者を出しました。「もしも」に備えた避難が命を守ることにつながります。

津波が想定される場合は、高台でもビルでもいいので、できるだけ高い場所に避難してください。津波は川をさかのぼるため、川沿いから離れることも大切です。

事前に避難場所・方法を確認する

旅行先で地震にあったときに避難場所が分からないと、逃げ遅れてしまうおそれがあります。あらかじめ避難場所を確認し、避難方法をシミュレーションしておくことが重要です。とくに海のそばに行くときは、津波避難タワー・ビルの場所などを調べ、海岸やホテルからの避難ルートも確認しておきましょう。

POINT 3

土砂災害に警戒した避難を

一方、登山やハイキングなどで山にいるときに怖いのは、崖崩れや地すべりといった土砂災害に巻きこまれることです。とくに急傾斜地や崖の下にいるときは、揺れがおさまるのを待ち、足場に気を付けながら、できるだけ安全な場所に移動してください。近くに根を張ったがんじょうな樹木があれば、つかまって低い姿勢を取りましょう。

地震が発生したら、こんな行動を!

- ☑ 海のそばにいたら、一刻も早く避難する。
- ☑ 高台やビルなど、できるだけ高い場所に避難する。
- ☑ 旅行で訪れる場合は、あらかじめ避難場所や避難方法を確認しておく。
- ☑ 山で地震にあったら土砂災害に備え、傾斜地や崖の下などの危険な場所からすみやかに逃れる。

対策

エレベーター

地震発生時は使わない
乗車中なら最寄りの階でおりる

POINT 1

すべての階のボタンを押しておりる

大きな地震でもエレベーターは落下しないように設計されています。しかし、エレベーターが停止して内部に閉じこめられるおそれがあり、エンジニアの到着が遅れると、長時間閉じこめられるおそれもあります。

最近のエレベーターは揺れを感じると自動的に停止しますが、乗車中に地震が発生したら、すべての階のボタンを押し、どこかの階に停止したらすぐにおりましょう。

閉じこめられたらインターホンで通報

もし閉じこめられたら、インターホンを押して管理センターに通報してください。インターホンがつながると、管理センターではどの建物のどのエレベーターからの連絡か、すぐに分かるしくみになっています。インターホンが通じない場合は、携帯電話で管理センターや消防・警察に通報してください。自分で扉をこじ開けて外に出ようとするのは危険ですから絶対にやめましょう。

地震が発生したら、こんな行動を!

☑ すべての階のボタンを押して停まった階でおりる。

☑ 閉じこめられたらインターホンで管理センターに通報する。

対策

映画館・劇場

座席間に身をかがめる
避難時の群衆事故に注意

POINT 1 座席と座席の間にかがんで身を守る

映画館で鑑賞中に大きな地震が起こると、自動的に上映がストップして非常灯が点灯するしくみになっています。すぐに逃げたくなるかもしれませんが、まずは身の安全を守ることが大切です。

大きな揺れを感じたら、すぐに座席と座席の間に身をかがめ、バッグなどで頭を守ってください。その際は座席の背よりも姿勢を低く保つと、落下物が体に直撃するのを防ぐことができます。

POINT 2 避難時は人波に流されないように注意

揺れがおさまったら、係員の指示にしたがって避難します。たくさんの人がわれ先にと出口に殺到すると、折り重なるように転倒する群衆事故が発生するおそれがあります。避難時は落ち着いて出口の状況をよく見て、人波に流されないように気を付けてください。

地震が発生したら、こんな行動を!

- ☑ 座席と座席の間に身をかがめて頭をガードする。
- ☑ 出口に殺到する人に巻きこまれないように注意して避難する。
- ☑ すぐに外に避難しようとせず、ロビーなどで安全を確保して周辺の被害状況を把握する。

対策

地下街

地上よりも安全だが
出口に人が殺到する状況に注意

POINT 1 壁や柱に身を寄せて安全を確保

地下の揺れは地上よりも弱く、地下街は構造的にもじょうぶなため、比較的安全な場所といえます。それでも、ショーウインドウなどが割れてガラスが飛散するおそれがあるため、壁や柱などに身を寄せて姿勢を低くして、かばんなどで頭を守って揺れがおさまるのを待ちましょう。

避難時は群衆を避けて冷静に行動することが命を守ります。非常口は法律により60mごとの設置が義務付けられています。あわてることなく、空いている出口から避難しましょう。

POINT 2 地下街は火災と津波に弱い

火災で煙が立ちこめたときは、姿勢を低くして煙を吸わないように移動してください。煙で周囲が見えない場合は、壁づたいに避難するのがコツです。地下は津波が押し寄せると水が流れこんで非常に危険な状況になります。そのおそれがある場合は近くの高い建物などに避難しましょう。

地震が発生したら、こんな行動を!

☑ 壁や柱に身を寄せて姿勢を低くして、頭を守る。
☑ 停電になっても非常照明がつくまで、むやみに動かない。
☑ 空いている出口を探して避難する。

対策

テーマパーク・遊園地

指示にしたがい冷静な避難

POINT 1 アトラクションの倒壊リスクは低い

ジェットコースターに乗車中に大地震におそわれたら――。想像するだけで怖くなりますが、じつはそれほど危険な状況ではありません。ジェットコースターなどのアトラクションは建築上の厳しい基準をクリアしており倒壊などのリスクは低いのです。一度走り出したジェットコースターは惰性で動くため、地震が起きても最後まで走り切り、おそらくその最中に揺れに気付くことはないでしょう。アトラクションによっては緊急停止するかもしれませんが、揺れがおさまったら係員が避難誘導をしてくれます。

POINT 2 群衆のパニックに気を付ける

テーマパークなどで怖いのは、群衆がパニックを起こすことです。地震発生時は係員が防災マニュアルにしたがって安全管理を行いますが、パニックになった人が出口に殺到することによる事故が発生する危険があります。デマも飛び交うかもしれません。係員の指示にしたがうとともに、つねに冷静に状況を見きわめる心構えが大切になります。

地震が発生したら、こんな行動を!

☑ アトラクション乗車中は、係員の誘導にしたがって避難する。

☑ 群衆のパニックに注意し、冷静に行動する。

対策

ガレキの下敷きになったら

近くにあるもので大きな音を出し自分の存在を知らせる

POINT 1

大声で助けを呼ぶと体力を消もうする

大地震では、住宅や家具の下敷きになり身動きが取れなくなることも考えられます。自力での脱出が難しい場合は、救けを呼ぶ必要があります。大声で助けを呼び続けると体力を消もうするため、なるべく近くにあるもので音を出すなどしましょう。

クラッシュ症候群に要注意

下敷きになっている人を救助する際に気を付けたいのが、クラッシュ症候群です。これは、長時間体が挟まれた後に解放されたときに起こる症状のことで、心停止や腎不全などを起こす危険があります。

「尿に血が混ざる」「挟まれた部位がはれている・感覚がない」などがその兆こうです。大量の水を飲ませるとともに、ただちに血液透析ができる病院に搬送する必要があります。

ガレキの下敷きになったら、こんな行動を!

☑ できれば近くにあるものをたたいて音を出して自分の存在を知らせる。

☑ （救助する場合）2時間以上下敷きになっている場合は、クラッシュ症候群に注意する。

第2章

地震に備える

あらかじめ地震に万全の備えをしておくことで、被害を最小限にとどめることができます。被災後の生活を具体的にイメージして必要なものを十分に備えておきましょう。

東日本大震災では、東北地方の太平洋沿岸を中心に広い範囲で大津波が街を丸ごと飲みこんだ。

ハザードマップを確認しよう

市区町村ごとのハザードマップでは、地震でどういった被害を受けるおそれがあるかを確認できます。自分が暮らす地域にひそむ危険を知って備えましょう。

わが町のハザードマップをチェック!

いつかやってくる地震に万全の備えをするために、自分の地域にはどのような被害の危険があるかを知りましょう。そのために役立つのが、地域ごとに自然災害の被害を予測したハザードマップと呼ばれる地図です。

ハザードマップは市区町村ごとにつくられており、役場の防災課などで受け取れます。最近は各戸に配布する地域も多いので、すでに家にあるかもしれません。また、国土交通省が提供する「ハザードマップポータルサイト」では、全国のハザードマップをえつ覧できます。

ハザードマップポータルサイト
身のまわりの災害リスクを調べる
使い方　よくある質問　利用規約/オープンデータ配信
身のまわりの災害リスクを調べる
重ねるハザードマップ
地域のハザードマップを閲覧する
わがまちハザードマップ
住所から探す
現在地から探す
地図から探す
地図を見る
この内容で閲覧
災害の種類から選ぶ
洪水　土砂災害　高潮　津波

出典：国土交通省「ハザードマップポータルサイト」
https://disaportal.gsi.go.jp/

被害状況を具体的にイメージできる

地震に関係するハザードマップには、「地震危険度（揺れやすさなど）」「津波」「土砂災害」「液状化」「建物の倒壊危険度」などがあります。これらの情報から、「最大震度はどのくらいか」「津波のおそれはあるか」「液状化現象は発生するか」など、具体的な被害状況をイメージできます。家の周辺のほか、学校や駅、習い事の場所、お父さんやお母さんの仕事場など、家族が訪れる可能性のある地域の災害リスクを確認しましょう。

過去の災害について調べよう

自分の暮らす地域で過去に起きた災害を調べることでも、防災に役立つ情報が得られるものです。実際、東日本大震災では、過去の津波被害を伝える石碑の存在がすばやい避難につながったという話が聞かれます。過去の自然災害を後世に伝える伝承碑は各地に存在するので調べてみましょう。また、その土地に長く住む人の経験談にも防災のヒントがつまっているはずです。

地域に昔から伝わるメッセージは災害対策の重要な手がかりになりますが、過去の被害を上回る災害が起こる可能性があることも想定しておきましょう。

東日本大震災の津波到達地点を示す石碑。

緊急地震速報について知ろう

緊急地震速報が鳴ってから揺れが起こるまでは、わずか数秒～数十秒。短い時間ですが、とっさの判断と行動が被害を軽くすることにつながります。

一瞬の判断が明暗を分けることも

突然、スマホやテレビから緊急地震速報の警告音が鳴りひびき、気が動転したことのある人もいるでしょう。緊急地震速報は、地震を予知するものではなく、すでに発生した地震をすばやく感知して送られてきます。最大震度が5弱以上と予想されたとき、震度4以上が予想される地域を対象に発信されます。

そのため、受信から揺れが起こるまでの時間は、数秒か、長くても数十秒しかありません。まさにとっさの判断が求められる場面ですが、この数秒の行動しだいで被害を軽くできることもあります。

緊急地震速報が鳴ったら、どう行動する？

それでは、緊急地震速報が鳴ったら、どう行動するといいのでしょうか。

なによりも優先するのは、自分の身の安全を守ることです。屋内にいるなら、キッチンなどの危険が多い場所から逃れて、テーブルやデスクの下にもぐる。屋外なら看板やガラス窓、またブロック塀などから離れて頭をガードする。エレベーターに乗車中なら、最寄りの階に停止させておりる。自動車に乗っていたならば、ハザードランプを点灯し、急ブレーキを避けて路肩に停車する。

どこで何をしているかにより行動はさまざまですが、日頃から「緊急地震速報が鳴ったら、こう動く」と考えておくと、すばやく判断できるでしょう。

●緊急地震速報が鳴ったら、どうする?

自宅

テーブルや机の下にもぐる。小さな子どもの身を守る。

町なか

看板やガラスの破片が落ちてきそうな場所、ブロック塀や自動販売機など倒れそうなものから離れる。

学校・塾

机の下にもぐる。

電車やバス

吊り革や手すりにしっかりとつかまる。

人の多い施設

あわてて出口に走り出さず、落ち着いて係員の指示にしたがう。

エレベーター

最寄りの階に止めておりる。

地下街

群集心理で避難者が出口に殺到する状況に注意して、あわてずに近くの出口を探す。

「避難訓練」の機会にもなる

緊急地震速報が鳴ったにもかかわらず、地震が起こらなかったり、ごく小さな揺れだったりすることもあるでしょう。だからといって、「当てにならない」と考えるのは軽率です。たしかに、小さな揺れだったり、ときには誤報もあったりしますが、揺れが起こる前に地震発生を知らせる画期的なシステムです。実際、すばやく身を守って難を逃れたという話もあります。緊急地震速報が空ぶりだったとしても、「避難訓練ができた」と前向きに考えることで、いつか起こる大地震への貴重な備えになるはずです。

家族で防災会議をしよう

地震発生の時間帯によっては、家族が離ればなれのこともあります。事前に家族で防災会議を開き、安否確認や待ち合わせの方法を確認しておきましょう。

被災時の対応を家族で話し合おう

地震発生時、家族が一緒にいるとはかぎりません。むしろ日中は、学校や仕事により、それぞれ別の場所で過ごしていることが多いでしょう。

大きな地震が起こると、スマホや携帯電話の基地局が停止したり、たくさんの人が一斉に使うことにより回線がパンクしたりして、通信障害が起こると覚悟しておいてください。そうした状況で家族が離ればなれになっていてもお互いに安否を確認し合えるように、事前に話し合っておく必要があります。家族で防災会議を開き、必要なことを確認しておくとともに一人ひとりの防災意識を高めましょう。

事前に待ち合わせ場所を確認する

各市区町村では、地震などの自然災害に備えて避難場所や避難所を設定しています。

自宅が被災するなどして避難が必要な場合を想定し、どの避難場所や避難所で待ち合わせするかを決めておきましょう。建物の倒壊や火災などで道路が通行できない事態も考え、できれば2ヶ所以上を想定しておいてください。また、公園など広い避難場所は、人が多く集まるため家族を見つけるのが難しいことが考えられます。「〇〇公園のすべり台のあたり」など、具体的に決めておくと安心です。

被災時にどこにいるかによっては、待ち合わせの場所に着くまでに時間がかかることもありますし、人の多く集まる避難場所は、お互いを見つけにくいと予想されます。広い避難場所での待ち合わせは、「時計台の下で、午前11時と午後3時に」などとピンポイントで決めておきましょう。事前に家族で足を運んでおけば、記憶に残りやすくなりますし、避難ルートの確認にもなります。

次に連絡手段として、スマホなどの通信が難しくなることを想定し、複数の方法を確認しておきましょう。災害用伝言ダイヤル「171」や各種SNSなど、さまざまな方法があります（詳しくは、P.78～79で説明します）。

指定緊急避難場所には、公園やグラウンド、河川敷などが指定される。

子どもが1人で行動時の被災も想定

子どもが1人で行動しているときに地震が発生した場合、どう対応するかも話し合っておきましょう。たとえば、塾や水泳スクールなどで被災したら、家族で決めた避難場所をめざすと、かえって危険なこともあります。そこで、塾の場合はここ、水泳スクールの場合はここ、といったように別の避難場所を決め、保護者が迎えに行くことも考えておいてください。

また、塾や習い事のスクールによっては、被災時の避難場所を決めていることもあるので確認しておきましょう。

通信手段を確認しよう

地震が発生した地域では、電話をはじめとした通信手段がつながりにくくなります。電話のほかに、どのような連絡手段があるのかを事前に家族で確認しておきましょう。

複数の連絡手段を決めておく

地震発生時は、停電の影響や通信量の増加によりスマホや固定電話がつながらなくなるケースが多発します。あらかじめ家族で複数の連絡手段を確認しておくと、安否確認などの連絡を取りやすくなります。

●「災害用伝言ダイヤル171」

「災害用伝言ダイヤル171」は、NTTが災害発生時に家族や友人などの安否確認を目的として開設するサービスです。固定電話やスマホ・携帯電話、公衆電話などから利用できます。

1回につき30秒間の伝言の「録音」および「再生」ができます。伝言では、「自分の名前」「けがや体調について」「今いる場所」「誰と一緒にいるか」などを簡潔に伝えましょう。

「災害用伝言ダイヤル171」の使い方を覚えよう！

171をダイヤルする

伝言を録音	伝言を再生
1を押す	2を押す
自分の電話番号を押す	相手の電話番号を押す
伝言を録音する（30秒）	伝言を聞く

※暗証番号を設定する方法もあります（音声ガイダンスにしたがって操作してください）

●災害用伝言板（web171）

https://www.web171.jp/

インターネットを利用した災害用伝言板です。スマホやパソコンからアクセスでき、文字情報でメッセージの登録や確認ができます。

はじめに電話番号などの利用者情報を登録後、最大100文字の伝言を登録・確認できます。災害用伝言ダイヤル「171」と連携しており、相互に録音・登録した内容を確認できます。

●三角連絡法

地震の発生地域で電話がつながりにくいときでも、被災地から離れると比較的通じやすいことがあります。そこで、あらかじめ離れた場所に住む親せきや友人などを連絡先として決めておくと、その人を中継点にして家族の安否確認を行えます。

●SNSの活用

電話は通じなくてもインターネットが使える場合もあります。LINE、Facebook、Instagram、Xといったソーシャル・ネットワーキング・サービス（SNS）で連絡を取り合う方法を確認しておきましょう。

●公衆電話の場所を確認

スマホや固定電話が使えないときは公衆電話が活躍します。最近は公衆電話の数が減っていますが、あらかじめ設置場所を確認しておくと、いざというときに役立つでしょう。NTT東日本・西日本のWebサイトでは、公衆電話の設置場所を検索できます。

NTT東日本　https://publictelephone.ntt-east.co.jp/ptd/map/

NTT西日本　https://www.ntt-west.co.jp/ptd/map/

飲料水を備蓄しよう

大地震への備えでは、飲料水の備蓄は基本中の基本。断水が長引くことも想定して多めにストックしておきましょう。

大規模災害では断水が長引くことも

大きな地震が起こると、地中にうめられた水道管の破損などにより、蛇口をひねっても水が出なくなることがあります。復旧にかかる日数は被害の規模によって数日～数ヶ月と異なり、東日本大震災では完全復旧まで約6ヶ月半を要しました。

首都直下型地震はいつ起きてもおかしくないといわれていますが、東京都による被害想定では、震源の場所によっては東京 23 区の4分の1以上の地域で断水し、復旧までに約 17 日かかると想定されています。

いうまでもなく、人は水がなければ生きていけません。断水した地域には給水車が派遣されますが、大規模な災害では対応が遅れる事態も考えられます。とくに人口密集地の都心部などで断水が起きた場合は、給水車が不足するなどの混乱が予想されます。非常時に家族の命をつなぎ止める水を必ず備蓄しておきましょう。

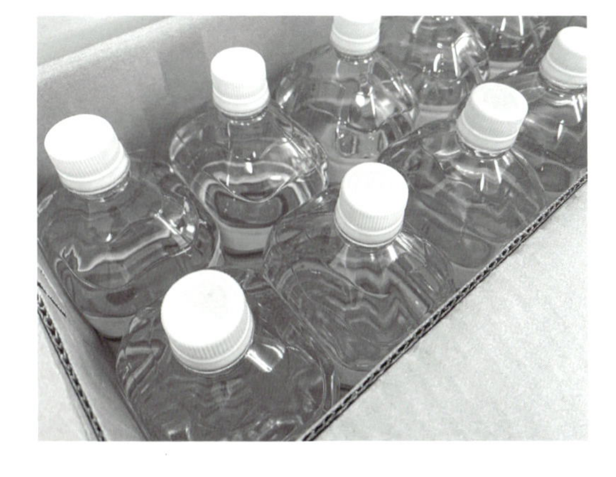

できれば10日分を用意しよう

人が1日に必要とする飲料水は1人あたり3L程度です。「そんなに多いの?」と驚くかもしれませんが、直接飲む水だけではなく、料理に使う水も入れると、それくらいは必要なのです。4人家族なら1日に 12 L、これを2Lのペットボトルで換算すると6本分になります。この量の水を最低でも3日分、できれば 10 日分は備えておきたいところです。備蓄にはペットボトルが便利ですが、ウォーターサーバーのボトルなども使えます。

もっとも、すべての水分を「水」で備蓄する必要はありません。牛乳や野菜ジュースなどを保存しておくと栄養の補給にもなります。「ロングライフ紙パック」の商品であれば、常温で数ヶ月程度の保存が可能です。

家族の人数に合わせて備蓄しよう!(1人あたり1日3Lを想定)

日数＼人数	1人	2人	3人	4人	5人
1日分	3L	6L	9L	12 L	15 L
3日分	9L	18 L	27 L	36 L	45 L
7日分（1週間分）	21 L	42 L	63 L	84 L	105 L
10 日分	30 L	60 L	90 L	120 L	150 L
1 4 日分（2週間分）	42 L	84 L	126 L	168 L	210 L

家中に分散して備蓄しよう

ペットボトルはかさばるので置き場所に困る家庭も多いはず。そこで1ヶ所ではなく、あちこちに置いておくことをおすすめします。クローゼットの奥、ベッドの下、下駄箱の下段、デスクの足元、庭の物置など、少し探せば有効活用していなかったスペースは意外と見つかるものです。分散して備蓄すると、家が被災して一部のスペースに立ち入れないときに取り出しやすいメリットもあります。

生活用水はどうする？

断水時には飲み水のほかにも、手や体を洗ったり、洗濯したりする生活用水が必要です。日頃から水をためておく習慣を付けましょう。

1日に 200L も使っている

過去の震災では、体を洗う、トイレを流すといった生活用水の不足に悩まされたという声が多く聞かれます。ふだん、あまり意識しませんが、家庭ではお風呂や洗濯、手洗いなどで1人あたり1日に 200L もの水を使用しているといわれています。非常時はこれほど多くの水を使いませんが、生活用水が必要なことは変わりません。

生活用水が不足すると、不便な避難生活をしいられることになってしまいます。ふだんからお風呂に水をためておくなど、生活の中に非常時の生活用水を確保する習慣を取り入れましょう。

●お風呂にためておく

お風呂に入ったら、浴槽のお湯を抜かずにそのままためておきましょう。断水になったとき、浴槽の水をバケツにくんでトイレを流したり、洗濯に使ったり、さまざまな使い方ができます。

一般家庭の浴槽は200L以上ためることができます。浴槽のフタを閉めておかないと、地震の揺れで大量に流れ出てしまうこともあるので注意してください。

また、小さな子どものいる家庭で水をため置きする場合は、お風呂での事故に十分に気を付けてください。

●雨水タンク

雨水タンクとは、屋根にふった雨水を雨どいを通じてためられるタンクです。ふだんから、ガーデニングや洗車、水まきなどに使えて節水になり、断水時は生活用水として利用できます。放っておけば下水に流れていくだけの雨水を有効に活用できるため、ぜひ設置を検討してみてください。雨水タンクの設置に対して補助金を支給する自治体も多いので、市区町村のホームページをチェックしてみましょう。

●エコキュート

エコキュートは家庭用の給湯システムで、基本的に屋外にお湯をためるタンクを設置します。断水時にはタンク内のお湯や水を生活用水として使えます。タンクの容量は370〜560Lが主流ですから、非常時にかなり多くの生活用水を確保できるでしょう。あらかじめ、非常時にエコキュートから水を取り出す方法を確認しておきましょう。

●井戸

災害時には井戸も活躍します。断水が長引いた能登半島地震でも、民家の井戸が生活用水として活用されたことでその価値が見直されています。

井戸水は消毒されていないため飲み水としては適さないことも多いですが、トイレや洗濯などには十分に使えます。最近は、井戸の所有者の協力により、非常時に近隣の住人に井戸を開放する「災害用井戸」を整備する市区町村も増えています。

食料を備蓄しよう

被災時は食料の入手がとても難かしくなります。突然の被災に備えて、ふだんから一定量の食料をストックしておきましょう。

食料備蓄の目安は1週間分

大震災が発生すると、食料の入手が難しくなります。各家庭で1週間分を目安に食料を備蓄しておきましょう。

1～3日くらいは冷蔵庫の中の食品でしのげるはずです。停電すると庫内の温度が上昇するため、できるだけ冷蔵庫のドアは開けず、いたみやすい食品から順に使ってください。

それ以降は備蓄していた食料を食べることになります。日頃からインスタントご飯類や缶詰、レトルト食品、フリーズドライ食品、乾麺、乾物などをストックしておきましょう。

栄養バランスも考えよう

非常食は炭水化物が多くなりがちです。タンパク質やビタミン、ミネラル、食物繊維などがとれるようにバランスを考えてください。

- **タンパク質を多く含む非常食**

  肉・魚・豆の缶詰やレトルト食品、魚肉ソーセージ、乾物など

- **ビタミン・ミネラルなどを多く含む非常食**

  乾燥海藻、乾燥野菜、ドライフルーツ、野菜ジュース、果物の缶詰など

ローリングストックを取り入れよう

備蓄食料には、乾パンやアルファ化米といった長期保存できる食品もいいのですが、非常時はただでさえストレスが多いもの。ふだんから食べ慣れた食品も備えておくと気持ちがやわらぐでしょう。

そこでおすすめなのが、ローリングストックという備蓄方法です。これは、日常的に口にする食品を少し多めに買い備えて、使った分だけ買い足していくという方法。大きな利点は、ふだんと変わらない食事ができ、大量に購入した非常食の消費期限が切れてしまってムダになることもないということです。ローリングストックは食品だけではなく、ミネラルウォーターや野菜ジュースといった飲料、日用品などにも応用できます。

ローリングストックの注意点としては、なるべく取り出しやすいところに収納して、古いものから順に使うことです。しまいこんだまま消費期限が過ぎてしまったということがないようにしましょう。家族の消費のペースをつかんで、ちょうど良い間隔で買い足すことも大切です。

●ローリングストックに向いているもの

【食品】

米、インスタントご飯、乾麺、レトルト食品、調味料、乾物、缶詰、カップ麺、フリーズドライ食品、お菓子など

【飲料】

ミネラルウォーター、野菜ジュース、ロングライフ牛乳など

【日用品】

トイレットペーパーやウェットティッシュ、乾電池、カセットボンベなど

緊急持ち出し袋をつくろう

あらかじめ緊急持ち出し袋をつくっておくと、突然の災害で危険がせまったときにもスピーディに避難できます。

すばやく避難するために不可欠

地震発生時、津波や土砂災害の危険がせまったり、自宅が倒壊するおそれがあったりしたら、一刻も早く安全な場所に避難しなくてはなりません。災害が起きてから用意すると逃げ遅れるかもしれませんし、冷静に必要なものをそろえるのも難しいはずです。あらかじめ緊急持ち出し袋をつくって備えましょう。

取り出しやすい場所に置こう

緊急持ち出し袋は、避難時に両手が使えるようにリュックを使いましょう。あれこれ入れたくなるかもしれませんが、動きやすさを考えて重さは大人で5kg 程度を目安にしてください。準備できたら背負って歩いてみましょう。

せっかく準備をしても取り出しにくい場所に置いておくと避難が遅れてしまいます。避難経路を考えて玄関先やリビングなど、取り出しやすい場所に置きましょう。車のトランクに入れる場合、暑い季節はかなりの高温になるため食料の保存などには注意が必要です。

家族の人数分用意しよう

緊急持ち出し袋は、家族の人数分必要です。自分用のものは自分で用意して、必要なものを入れ忘れないようにしましょう。

●緊急持ち出し袋の中身

☑ 飲料水

ペットボトルで準備。持てるだけ入れておく。

☑ 非常食

3食分程度。すぐに食べられるものを。

☑ 携帯ラジオ

正確な情報収集に不可欠。1家に1台は準備しよう。

☑ タオル・ウェットティッシュ

手や顔をふく、首に巻いて寒さを防ぐなど、いろいろ使える。

☑ 懐中電灯

夜間の避難には必須。1人1つ準備しよう。

☑ 携帯トイレ

避難所のトイレが使えない場合も。念のため準備しよう。

☑ 雨具

防寒着にもなる。ポンチョタイプは着替えやトイレの目隠しにも。

☑ 衛生用品

歯磨きセットやマスク、生理用品なども入れておこう。

☑ ヘルメット

状況に合わせて避難時に着用しよう。

☑ 衣類・下着

数日分用意しておこう。季節に合わせて入れ替えを。

☑ 現金

電子マネーは使えなくなる。公衆電話用に小銭も準備。

防災アイテムをそろえよう

大きな地震が起こると、電気や水道、ガスといったライフラインが停止する可能性があります。家族で話し合って必要な防災アイテムを備えておきましょう。

ライフラインの停止に備えよう

便利で快適な生活に慣れていると、電気や水道、ガスが使えない暮らしを想像するのは難しいかもしれません。しかし、過去に起きた震災では現実に多くの被災者がそのような厳しい生活をしいられています。

数日間、場合によっては、もっと長期間、ライフラインが停止した状況で暮らさなくてはならないことを想定し、必要な防災アイテムをしっかりと準備しておきましょう。

●ライフラインの停止に備える防災アイテム

水や食料、さらに緊急持ち出し袋に入れる防災グッズのほかに、こうしたものを常備しておきましょう。

☑ ウォータータンク

断水が長引くと備蓄した水は徐々に尽きます。給水拠点から水を運ぶためにウォータータンクを用意しておきましょう。キャンプグッズとしてさまざまなタイプが販売されていますが、水はかなりの重量になるためキャスター付きが便利です。

☑ LED ランタン

停電になると夜は家の中はもちろん、屋外や道もまっ暗になります。そこで大活躍するのが LED ランタンです。電池式のため安全性が高いうえに、明るく長時間使用できるといった利点があります。製品により明るさは異なるため、性能をよく比較して購入してください。

☑ 懐中電灯

小型で明るいLEDタイプの懐中電灯が便利です。少なくとも家族の人数分はそろえましょう。年に1度程度は電池を交換して電源が入るかをチェックしてください。

☑ ソーラー式充電器

連絡や情報収集のためにスマホの電源は確保しておきたいところ。停電が長期間にわたってモバイルバッテリーの残量がなくなることも想定し、太陽光で充電できるソーラー式充電器を準備しておくと安心です。

☑ カセットコンロ

調理や湯沸かしなどに不可欠です。カセットボンベ1本で使用できる時間は強火で約1時間。大人1人が1週間に必要なカセットボンベの本数は約6本という試算があります。家族の人数を考えて多めにストックしておきましょう。

☑ 電池（単1・単3・単4など）

停電時は電池の備蓄も重要です。単1はLEDランタン、単3・4は懐中電灯や電池式充電器などでよく使われます。家庭の防災グッズにどの電池が使われているかを確認して十分な量を備蓄しましょう。

☑ 携帯トイレ

断水時に困ったこととして多く聞かれる声が、トイレが使えなくなることです。汚物を吸収パッドや凝固剤で処理する携帯トイレなどを備蓄しておきましょう。大人は1日平均5回排せつするため、その1週間分として1人あたり計35回分の備蓄が必要という計算になります。

●ほかにも、こんな防災アイテムを用意しよう

☑ クーラーボックス
☑ ロープ
☑ ウェットティッシュ
☑ マッチ・ライター
☑ 新聞紙
☑ 救急セット
☑ 軍手
☑ トイレットペーパー
☑ 缶切り・栓抜き
☑ ガムテープ

乳幼児のいる家庭の備え

乳幼児のいる家庭では、一般的な対策にプラスアルファした備えが必要です。子どもの目線で家の中の安全を確保し、必要なものを備蓄しましょう。

子ども目線で室内の安全を考える

赤ちゃんや小さい子どもは自分の身を守ることができません。被災時に命や健康を守ってあげられるように、ふだんから備えておきましょう。

なにより大切なのは、小さい子どもの目線から家の中の安全を確保することです。たとえば、大人は背の低い家具が倒れても危険が小さいかもしれませんが、子どもは下敷きになるおそれがあります。

頭上から落ちてくるものにも気を付けましょう。たなの上に並べた写真立てや壁にかけた額などが落下して子どもの頭を直撃する位置にないか点検してください。また、角のある家具類は、子どもが転んで頭などをぶつける危険があるので対策しましょう。

地震の発生後は病院に連れて行くのが難しいため、できるかぎり、けがのもとになる危険を取り除くことが大切です。

ふだん使うものを多めに買っておく

被災後の生活を想定して、備蓄も確認しておきましょう。

赤ちゃんのいる家庭ではミルクの準備が不可欠です。被災後にライフラインがストップすると、哺乳瓶を消毒したりミルクを温めたりするのが難しくなります。そこでおすすめしたいのが開封してそのまま赤ちゃんに飲ませることのできる液体ミルクです。常温で保存できるので備蓄にも最適。母乳をあげている場合でも、ストレスで母乳が出なくなる場合などを考えて備えておくと安心です。

さらに被災後は、さまざまなものが手に入りづらくなります。紙おむつやおしりふき、レトルトタイプの離乳食やおやつなど、緊急持ち出し袋に入れておくのはもちろん、避難所から取りに帰るチャンスがあることも想定して多めに用意しておくと心強いものです。

●こんなものを備蓄しよう!

☑ 液体ミルク

缶やパックから哺乳瓶にそそいでそのまま飲めます。外出時にも便利。少なくとも3日分は備えておきましょう。ふだんから飲ませて慣れさせておくと安心です。

☑ 水

硬水のミネラルウォーターは、ミルクには向きません。軟水のミネラルウォーターを使うか、赤ちゃん向けの水を用意してください。

☑ 紙おむつ、おしりふき

被災後は手に入りにくいため、最低1週間分はストックしておきましょう。

☑ 離乳食

ふだん調理している家庭でも、ライフラインの停止に備えて常温保存できるレトルトタイプなどの離乳食を用意しておきましょう。

☑ 紙製のスプーンやコップ、皿

断水すると食器を洗うのが難しいため、使い捨てのものがあると便利です。

☑ 抱っこひも

避難時はベビーカーよりも身動きを取りやすい抱っこひもが安全です。

☑ 使い捨てカイロ

防寒対策のほか、ミルクの温めにも使えます。

☑ 母子健康手帳・保険証・医療証などのコピー

病院での診察に備えて準備しておきます。

高齢者のいる家庭の備え

高齢者のいる家庭では、事前に健康状態や体調などをふまえて、どのようなサポートが必要になるかをシミュレーションしておきましょう。

あらかじめ必要なサポートを確認

高齢者のいる家庭では特別な備えが必要になることがあります。高齢者は、体を自由に動かすことができない、自力での避難が難しい、硬いものを食べられないので食べものが制限されるなど、健康状態や体調によって個別の支援が必要になる場合があるからです。ふだんから災害時を想定して、どのようなサポートが必要になるかをシミュレーションしておきましょう。

●こんなものを備蓄しよう

☑ **食べやすい保存食**

おかゆなど高齢者が食べやすい食料を多めに用意しましょう。

☑ **紙おむつ・携帯トイレ**

ふだんは紙おむつを使わなくてもトイレが使用できない場合に備えて用意しておくと安心です。

☑ **口腔ケアグッズ（入れ歯ケアグッズなど）**

口の中の衛生状態が悪くなると健康悪化につながります。

☑ **薬・お薬手帳**

持病がある場合は、できれば1週間分の薬を用意しておきましょう。避難時にお薬手帳を持っていると、いつもと同じ薬を出してもらえます。

☑ **携帯用ツエ**

持ち運びしやすい折りたたみのツエを準備しておきましょう。

障がい者のいる家庭の備え

障がい者のいる家庭では、障がいの種類などにより被災時にどのような支援が必要になるかを確認しておきましょう。

あらかじめ対応を話し合う

災害が起こると、障がいの種類によって自力で避難したり、周囲の状況を把握したりするのが難しいケースがあります。そのため、東日本大震災では、障がい者手帳を持つ人の死亡率は、全住民の2倍に上ったとされています。

障がいにより自力での避難が難しい場合は、自治体が作成する「避難行動要支援者名簿」に登録しましょう。個別の支援計画が作成されるなどして避難支援を受けられやすくなります。

●こんな困難が想定されます

◎肢体不自由者（手足などが不自由な方）

車いすを使っている場合は、道路などの移動が難しくなるケースがあります。非常時に家族の誰がどのような支援を行うかを決めておきましょう。簡易的な折りたたみ式担架を用意するなど、移動の手段も考えておきましょう。

◎視覚障がい者

視覚から情報を得にくいため、被害状況などがわかりづらいといった困難があります。声をかけて状況を伝え、スムーズに避難を行うための誘導が求められます。

◎聴覚障がい者

サイレンやアナウンスといった音声情報を得にくいという不安があります。補聴器やスマートフォンなど、情報を得るために必要なものを身近な場所に置いておきましょう。

夏や冬の被災に備える

防災グッズを用意する際は、季節ごとの対策を気にかける必要があります。とくに気候が厳しい真夏や真冬の被災に備えておくことが大切です。

真夏や真冬への備えは万全に

地震はいつやってくるかわかりません。真夏や真冬に被災して電気やガスが止まってしまうと、かなり厳しい生活をしいられます。

そのため防災アイテムの準備では、季節ごとの対策にも気を配りましょう。緊急持ち出し袋の中身も季節に合わせて入れ替えるか、夏用と冬用の2つを準備しておきましょう。

夏は暑さと熱中症への対策を考える

真夏にエアコンや扇風機などの冷房機器がすべて止まると熱中症のリスクが高まるなどして、命の危険につながることもあります。飲料水は十分な量をストックしておくとともに、熱中症の予防になる経口補水液や塩分タブレットも準備しましょう。

暑さ対策のグッズも備えておきましょう。うちわや扇子などに加えて、停電時も使える乾電池式の小型扇風機があると気休め程度でも暑さをしのぎやすくなります。

保冷剤もさまざまな使い方ができる便利グッズです。クーラーボックスに入れると一時的に冷蔵庫の代わりになるほか、タオルで巻いてわきの下に挟んで体温を下げるといった使い方もできます。

また、汗をかきやすい夏に入浴ができないと、不快な状態になるとともに衛生的にも心配です。ドライシャンプーや汗ふきシートといった衛生グッズも備えておきましょう。

●夏の防災対策グッズ

- ☑ 十分な量の飲料水
- ☑ 経口補水液
- ☑ 保冷剤
- ☑ 乾電池式の扇風機
- ☑ 塩分タブレット
- ☑ クーラーボックス
- ☑ うちわや扇子

冬は寒さ対策のほか、感染症にも注意

真冬の被災でもっとも大切なのは寒さ対策です。停電になると、電気ストーブやファンヒーター、床暖房といった電気で動く暖房器具は一切使用できません。避難所に滞在するとしても家から防寒グッズを持ちこまないと、寒さにふるえて過ごすことになりかねません。

ふだん使っているものを中心に、厚手の手袋や靴下、ニット帽などの防寒着をしっかりと用意しておきましょう。夜は寒くて眠れなくなる可能性があるため、できれば冬用の寝袋や毛布を備えておきましょう。

また、温かい食事を食べられるように、カセットコンロとともにガスボンベを多めに用意しておきましょう。ガスボンベで使えるタイプのストーブも便利です。

●冬の防災対策グッズ

- ☑ 寝袋や毛布
- ☑ 使い捨てカイロ
- ☑ カセットガスストーブ
- ☑ 防寒具
- ☑ カセットコンロ・ガスボンベ
- ☑ 感染症対策グッズ（マスク、消毒液、ハンドソープ、解熱剤など）

防災用品をチェックしよう

防災用品は種類が非常に多いため備え忘れには注意してください。いざというときに困らないように一覧表で管理しましょう。

備え忘れがないように家族で確認

防災用品の備え忘れがないように一覧表で管理すると便利です。ここにまとめたものは一般的な防災用品ですので、そのほかに必要なものがないかを家族で話し合いましょう。

●防災用品一覧　※コピーしてご活用ください。

カテゴリー	項目	チェック	置き場所
飲料・食料	水		
	インスタントご飯		
	缶詰		
	乾麺		
	レトルト食品		
	カップ麺		
	お菓子		
ライフライン停止への備え	懐中電灯		
	LED ランタン		
	携帯ラジオ		
	乾電池		
	ソーラー式充電器		
	カセットコンロ		
	カセットボンベ		
	ウォータータンク		
	携帯トイレ		
	マッチ・ライター		

カテゴリー	項目	チェック	置き場所
ライフライン停止への備え	乾電池式扇風機		
	カセットガスストーブ		
	クーラーボックス		
	保冷剤		
生活・衛生用品	衣類		
	下着類		
	雨具		
	使い捨て食器		
	洗面用具		
	ゴミ袋		
	ビニール袋		
	ウェットティッシュ		
	トイレットペーパー		
	タオル		
	生理用品		
	救急キット		
	常備薬		
	ピンセット		
	マスク		
	消毒液		
	寝袋		
	毛布		
	経口補水液		
	塩分タブレット		
	うちわ・扇子		
	使い捨てカイロ		
その他の防災グッズ	ヘルメット		
	エマージェンシーシート		
	レジャーシート		
	ガムテープ		
	軍手		
	笛（ホイッスル）		
	はさみ		
	スリッパ		
	ハザードマップ		
	保険証のコピー		
	現金		

マンションの防災を考えよう

マンションは比較的地震に強いのですが、大きな地震が起こると特有の問題が発生する場合があります。マンションの防災に必要な知識を学んでおきましょう。

停電により断水になる場合がある

マンションは鉄筋コンクリートなどのがんじょうな構造のため、地震の揺れには比較的強いと考えられます。しかし、建物は無事だとしても、マンションに特有の問題が発生する場合があることを知っておきましょう。

その1つが、断水の問題です。マンションが各部屋に水を送る方法には、大きく分けて2つがあります。1つは公営の水道から直接給水する方法で、3階建て程度の低層マンションに見られます。このタイプのマンションは地域の水道が断水すると蛇口から水は出ません。つまり、周辺地域の戸建て住宅と同じ状況になります。

それ以外の多くのマンションは、いったん水をタンク（受水槽）にためて、そこからポンプで給水する方式です。タンクに水がたまっているので周辺地域が断水になってもタンクの水があるかぎりは水が出ます。しかし、停電するとポンプは動きませんので水道は使えなくなります。自分の住むマンションがどのような状況で断水するかを知っておきましょう。

●マンションの給水のタイプ

- **地域の水道から直接給水（直結給水方式）**…周辺地域が断水になると水道が使えない。停電の影響は受けない。
- **タンクにためてから給水（受水槽方式）**…断水してもタンク内に水があるかぎりは水が出る。停電になると水道やトイレは使えない。

地震が起きたらトイレは流さない

地震発生後に人々を悩ますのがトイレです。地震の揺れにより排水管が壊れたり、地中の下水管がつまったりして使用できなくなるケースがあるのです。とくにマンションなどの共同住宅では、上層階で流した汚水が下層階のトイレなどから逆流することも考えられるため、トイレを使用しないというのは、基本的なルールといっていいでしょう。

また、トイレや排水管が損傷を受けなかったとしても断水時は利用できませんし、タンクに水をためるタイプのマンションだったとしても、停電すると水が使えなくなるため、トイレを流せません。こうした状況に備え、災害用トイレなどを十分に備えておきましょう。

住人が助け合う「共助」の意識を持つ

マンションでの地震被害は、住んでいる階によって大きく異なります。揺れが大きくなりやすい高層階では、家具類の転倒やガラスの飛散などに備えてしっかりと対策しましょう。

マンションでは多くの人が同じ建物で暮らしており、いざというときに協力して助け合える人間関係ができると、「共助」により支え合うことができます。定期的な防災訓練などで防災意識を高めながら交流を深めると、とても効果的な防災対策になるはずです。

防災キャンプのすすめ

自然の中でかぎられたグッズを使って生活するキャンプは、被災後の暮らしに似ています。キャンプで自然体験を楽しみながら家庭の防災力を高めましょう。

被災生活はキャンプに似ている

地震によってライフラインがストップした状況がイメージできず、どう過ごせばいいか分からない。そんな不安を抱く人は、自然環境に包まれたひとときを楽しむキャンプを体験してはいかがでしょうか。

キャンプサイトでは、電気やガスは通っていませんし、基本的に水は共用の水道からくみ置きしたものを使います。都会の生活から離れて不便さそのものを楽しむのがだいご味だと、キャンプが趣味の人は口をそろえます。

被災後のライフラインが止まった環境は、キャンプでの生活と似ています。もちろん、キャンプのような楽しさはありませんが、制限された環境の中で手持ちの道具を活用し工夫して生活することが求められるのは共通しているといえます。

キャンプに慣れると準備さえすれば、ライフラインが止まってもしばらくは大丈夫だという自信が持てるでしょう。家族の趣味にすれば、サバイバルスキルや心構えにおいて地震への大きな備えになるはずです。

キャンプグッズが非常時に大活躍

キャンプに使用するグッズは、非常時に役立つものばかりです。LED ランタンや懐中電灯、カセットコンロなどは電気やガスが止まったときの必需品になります。テントでの就寝時に欠かせない寝袋やエアマットは、避難所に滞在する際に使えるでしょう。キャンプでは冷蔵庫代わりになるクーラーボックスも、被災時にはなにかと役立つアイテムです。キャンプグッズを一つひとつそろえるにつれて、家庭の防災力も高まっていくでしょう。

「おうちキャンプ」もおすすめ

いきなりキャンプに出かけるのは難しいという人は、「おうちキャンプ」を体験するというのも方法です。

基本的に電気やガスは使わず、水はペットボトルやため置きしたものを使用します。夜間はランタンやろうそくなどを照明にし、カセットコンロで調理をして食事します。簡易テントがあれば室内に設置し、その中で寝袋などを使って寝ると、より本格的な体験になるでしょう。ちょっとした非日常を楽しみながら疑似的な被災生活を送ることは、防災意識を高めるきっかけになるに違いありません。

防災カードを用意しよう

被災後に正しく行動するためには、家族の連絡先や緊急時の避難場所などさまざまな情報が必要です。防災に関する情報をまとめた防災カードをつくっておくと安心です。

被災時に必要な情報をまとめておく

被災後の行動に役立つさまざまな情報をまとめた防災カードを作成しましょう。連絡先はもちろん、アレルギー情報などももりこみ、それぞれがふだん持ち歩くお財布やパスケース、生徒手帳などに入れておくといいでしょう。

防災カード

●自分の情報	●家族の連絡先
名前 生年月日 住所 電話番号 メールアドレス メモ（持病、アレルギー、保険証番号など）	名前 電話番号 メールアドレス 名前 電話番号 メールアドレス 名前 電話番号 メールアドレス
●緊急時の避難場所（場所や時間を記入）	●親戚・知人の連絡先
1. 2. 3.	名前 電話番号 メールアドレス
●そのほかの連絡先（学校・職場など）	
名称 電話番号	名称 電話番号

※コピーしてご活用ください。

第3章

応急処置について知る

大きな地震が起こると、骨折や出血、やけどなど、さまざまなけがを負う人が大量に発生します。基本的な応急処置の方法を身に付けて、自分や家族、友人の身を守りましょう。

神戸港震災メモリアルパークには、阪神・淡路大震災で被災したメリケン波止場の一部がそのままの状態で残されている。

応急手当の方法を身に付けよう

基本的な応急手当の方法を知っておくと、災害時だけではなく、日常生活やアウトドア活動など、さまざまな場面で役立ちます。

必要な道具を忘れずに備える

地震発生後は、病院が通常の診療をできなかったり、患者がごった返して治療を受けられなかったりすることも考えられます。また、救急車を呼ぶのも難しいでしょうから、たよりになるのは自分や家族と考えておきましょう。そんな非常時を乗り越えるために基本的な応急手当の方法を身に付けておくと心強いです。

応急手当には多くの救急用品が必要になります。身の回りのもので代用できる場合もありますが、事前にそろえておくに越したことはありません。

●応急手当に必要なもの

- 消毒液
- ガーゼ
- 三角巾
- 冷却材
- はさみ
- ばんそうこう
- ビニール手袋
- 固定用テープ
- ピンセット
- 包帯
- 軟膏

危険な場所からすみやかに離れる

応急手当をする前に必ず行ってほしいのが、身の回りの安全確保です。けが人を前にしたらすぐに手当をしてあげたくなるかもしれませんが、大きな余震が起こって二次被害を受けてしまったら元も子もありません。落下物の危険のある場所や車の通行する場所などからすみやかに離れましょう。

止血の方法を知ろう

出血をともなうけがをした場合はすぐに止血をすることが大切です。日常のけがにも対処できるため、基本的な止血法を覚えておきましょう。

止血をしてから、傷口の洗浄と保護を

出血している場合は、すぐに止血をしてから傷口の洗浄と保護を行ってください。出血が多くてなかなか止まらない場合は止血を試みながら、状態によって医療機関を受診する、救急車を呼ぶといった判断をしましょう。

●出血の応急手当

①清潔なタオルやハンカチを傷口にあてます。その上から指や手のひらで押さえるか、包帯などを強めに巻いて圧迫してください。傷口を心臓より高い位置に保つと、出血量は少なくなります。

※感染症予防のため、ビニール袋や手袋を使って、血液に直接触れないようにしましょう。

②止血したら水道水やペットボトルの水などで傷口を洗ってください。そして、ガーゼやハンカチ、包帯などを使って傷口を保護します。

骨折の手当を知ろう

骨折が疑われる場合は、固定をすることが大切です。手当の方法は難しくなく、固定用の添え木なども身近にあるもので代用できます。

骨折したら、とにかく固定

倒れた家具に挟まれたり、落下物がぶつかったりして骨折することもあります。見た目では分かりづらいこともありますが、不自然な変形やはれが見られる、内出血で皮膚が変色しているといった症状が見られます。

●骨折の応急手当

①患部が動かないようにするために、骨折した箇所よりも長めの添え木をあて包帯で固定します。包帯がなければ、バンダナや衣服などを巻いてもかまいません。

②添え木は、患部より少し長ければなんでもOK。棒や板、傘などのほか、段ボールを患部のサイズに切ってガムテープで止めたり、新聞や雑誌を丸めたりしたものでも固定できます。

やけどの手当を知ろう

地震発生時には、やけどを負うケースも多く見られます。やけどは、手当が早いほど症状の進行を食い止めることができます。

すぐに冷やすことがなにより重要

地震で火災が発生して、やけどを負ってしまうことも考えられます。やけどは一刻も早く水で冷やすことで、皮膚の温度が下がり進行が止まるとともに、痛みがやわらぐといった効果が期待できます。

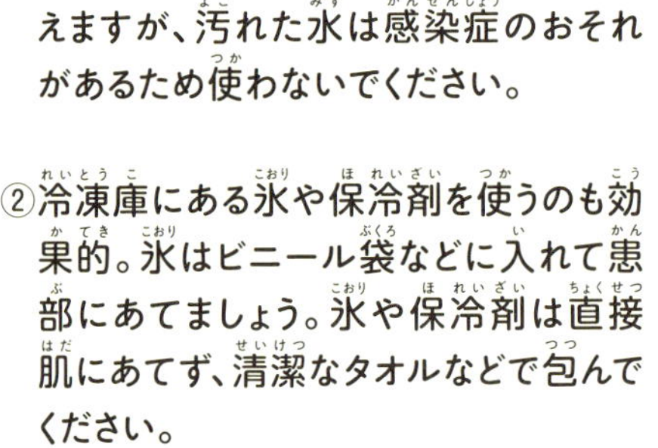

●やけどの応急手当

①流水で15分以上冷やすのがベストですが、断水している場合は水をはった洗面器に患部を入れたり、水でぬらした布をあてたりしましょう。お風呂にためた水やトイレの貯水タンクの水なども使えますが、汚れた水は感染症のおそれがあるため使わないでください。

②冷凍庫にある氷や保冷剤を使うのも効果的。氷はビニール袋などに入れて患部にあてましょう。氷や保冷剤は直接肌にあてず、清潔なタオルなどで包んでください。

※水ぶくれを破ると、そこから雑菌が入るおそれがあるため、つぶさないようにしましょう。

救命処置について知ろう

意識をうしなって倒れている人には、心臓マッサージや人工呼吸といった救命処置が必要です。その方法を知っておくと、いざというときに命を救えることがあります。

1秒でも早く救助をスタート

意識を失って呼吸が止まっている人がいたら、すぐに救命処置（心臓マッサージや人工呼吸）を行う必要があります。救命処置は1秒でも早い方が良く、心臓が停止してから1分以内に開始すると生存率は 95%といわれますが、5分経つと 25%にまで下がり、8分後には絶望的になります。119 番通報から救急車が到着するまでの時間は全国平均で約 10分とされています（地震発生時はそれよりも大幅に遅れると考えておくべきです）。つまり、救命処置を必要とする人を前にして、迷っているひまはありません。あらかじめ救急処置の方法を知っておき、すぐに行動に移すことが大切な人の命を守ることにつながります。

●救命処置（心臓マッサージ・人工呼吸）の手順

①意識の有無の確認

大声で名前を呼んだり、肩を軽くたたいたりして、意識があるかを確認します。反応がなければ、周囲の人に119番通報とAEDを運んでくることを依頼します（AEDについては、P.110参照）。

②呼吸の確認

胸や腹部の動きを見て、ふだん通りの呼吸があるかを確認します。

③胸骨圧迫

ふだん通りの呼吸がない場合は、胸骨圧迫を30回行います。胸のまん中あたりを、強く（胸が5cm以上沈むくらい。子どもは胸の厚さの3分の1程度）、速く（1分間あたり100～120回のテンポ）、中断せずに絶えまなく押してください。

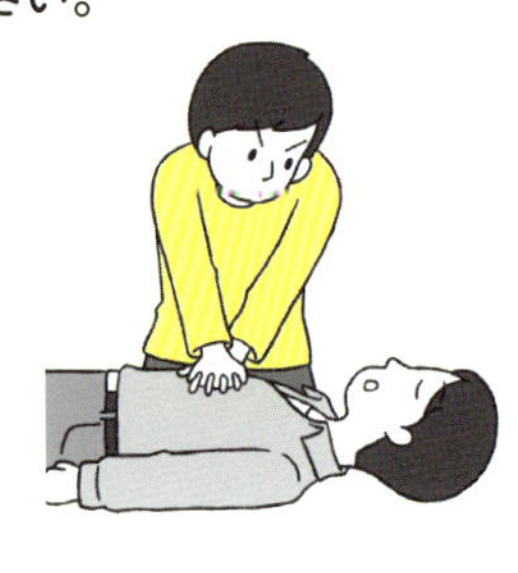

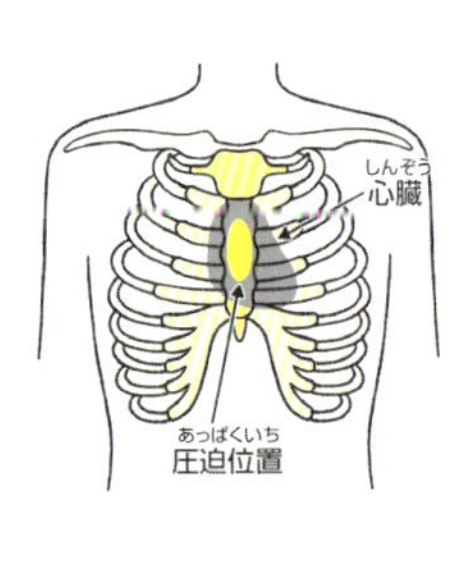

④人工呼吸

片手で傷病者の額を押さえ、もう一方の手であごを持ち上げ、気道を確保します。

額を押さえていた手で傷病者の鼻をつまみ、傷病者の口をおおうようにして、約1秒かけて傷病者の胸がふくらむ程度の空気を吹きこみます。

いったん口を離し、息が自然にはき出されるのを待って、同じ方法で2回目の吹きこみを行います。

※人工呼吸の方法が分からない、上手にできる自信がない場合などは、人工呼吸を行わず、胸骨圧迫を続けてください。

⑤胸骨圧迫と人工呼吸を続ける

救助隊やAEDの到着まで、胸骨圧迫30回と人工呼吸2回を繰り返し行ってください。

AEDの使い方を知ろう

AEDは電気ショックによって心臓の機能を正常化させる医療機器。音声ガイダンスにしたがって誰でも簡単に操作できます。

事前に設置場所を調べておく

駅や公共施設、商業施設などにオレンジ色のAED（自動体外式除細動器）が設置されているのを見たことのある人も多いでしょう。

AEDは、けいれんして血液を流す機能をうしなった状態の心臓に電気ショックを与え、正常なリズムに戻すための医療機器です。難しそうに感じるかもしれませんが、ごく基本的な知識さえあれば音声ガイダンスにしたがって誰でも簡単に使えます。

AEDが必要になるのは、一刻も早い対応が求められる場面です。家の近所のどこにAEDが設置されているかをあらかじめ知っておきましょう。「日本全国AEDマップ」というWebサイトでは、AEDの設置場所を手軽に確かめることができます。　日本全国AEDマップ　https://aedm.jp/

●AEDの使い方

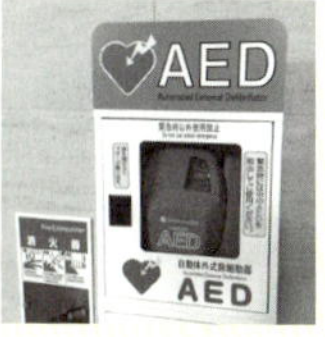

①フタを開けると、自動的に電源がオンになります（電源ボタンを押すタイプのAEDもあります）。

②音声ガイダンスにしたがい、電極パッドを取り出して胸に貼ります。

③電気ショックが必要かをAEDが自動的に判断します。電気ショックの指示があった場合は、周囲にいる人に離れるように伝えた後、ショックボタンを押します。

けが人を運ぶ方法を知ろう

けが人が自力で歩けない場合は周囲の人が協力して運ぶ必要があります。ここでは2人でけが人を運ぶ方法を紹介します。

けが人に負担をかけないように注意

　自力で歩けないけが人を運ぶ方法を知っておきましょう。安全な場所に移動させたり、病院に連れて行ったりするときに役立ちます。

　自分1人しかいない場合は、おんぶをしたり肩を貸したりして移動しますが、複数人で行う方が安定し、けが人の負担が軽くなるため、できるかぎり周囲に助けを求めましょう。

●2人で運ぶ場合

【けが人の意識がある】

　救助者はけが人側の手でけが人の背中を支え、もう一方の手をけが人のひざの後ろに回してお互いの腕をつかみます。けが人には、救助者の首につかまってもらいます。

【けが人の意識がない】

　1人がけが人の両脇から手を回して腕をつかみます。もう1人はけが人に足を組ませて抱えます。けが人の上体の方から立ち上がってください。

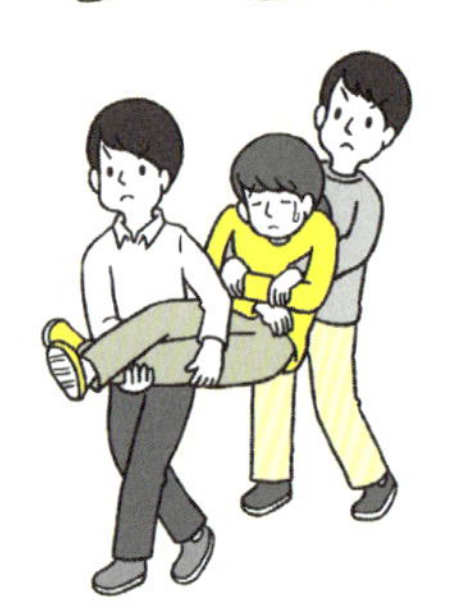

簡易担架をつくろう

けが人を運ぶ際は担架を使うと便利です。身の回りのものを使って簡易担架をつくる方法を紹介します。

身の回りのもので簡単につくれる

けが人を運ぶ際には担架があると便利ですが、被災時に都合よく近くにあるとはかぎりません。そこで、身の回りのものを使って簡易担架をつくる方法を覚えておきましょう。

とくに、けが人が頭を打って意識不明になっていたり、骨折がひどかったり、できるかぎり体を動かさない方が良い状態での移動に適しています。

●毛布やシーツでつくる

①毛布を横に広げ、3分の1の幅の位置に竹竿などの棒を置き、折り返します。
②折り返した位置に2本目の棒を置き、反対側のはじを折り返します。
③水平を保って運びましょう。

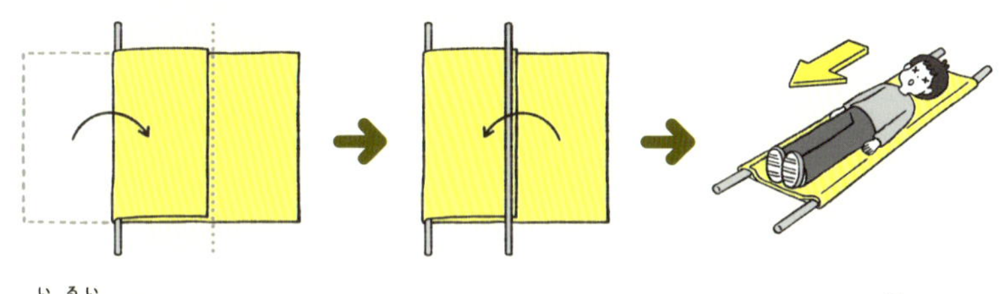

●衣類でつくる

複数の上着のボタンをかけた状態で、それぞれの袖を棒に通しましょう。

第4章

被災後の生活

被災後は、日常とは大きく異なる生活を送ることになります。どのような生活が待っているのかを知り、状況に合わせて正しい判断や行動をできるようにしましょう。

能登半島地震で横倒しになったビル。現場周辺では液状化現象が確認されている。

揺れがおさまったら

揺れがおさまったら、まずは周囲を見渡して何をするべきかを落ち着いて考えましょう。とっさの判断と行動が自分や家族を守ることにつながります。

あわてずに次の行動を考える

地震におそわれたら無我夢中で自分の身を守るだけで精いっぱいになるはずです。揺れがおさまってもあまりの恐怖から何も考えられず、ぼうぜんとしてしまうかもしれません。

しかし、すぐに気を取り直して正しい判断や行動をできるかが、自分や家族の身を守れるかの分かれ目になります。ここでは揺れがおさまったときにまずは何をするべきかを整理して説明します。

●家の中にいたら

【被害状況の確認】

- 室内の状況を確認する。床に割れたガラスやとがったものなど危険なものがないか、出口や避難経路はふさがっていないかなどを確かめる。
- 火の手が上がっていたら消火器などで初期消火をする（初期消火については、P.116〜117参照）。

【避難】

- 必要に応じて、懐中電灯を手に取ったり、けがをしないようにスリッパをはいたり、避難の準備をする。

【安否確認】

- 家族の無事を確かめる。家族が外にいる場合は、電話やメールでの安否確認を試みる。

●学校にいたら

【被害状況の確認】

・落下物やガラスの破片など危険なものからただちに離れる。

・けがをしている友だちがいないかを確認する。

【避難】

・先生や校内放送の指示にしたがって、落ち着いて避難する。

●外で遊んでいたら

【被害状況の確認】【避難】

・家に戻るか、その場にとどまるか、学校や公園に避難するか、周辺の道路や施設などの被害状況に応じて判断する。

・友だちの家にいる場合は、あわてて帰宅しようとせず、友だちの親に相談して、被害状況などの情報を集めてから判断する。

●家から遠い場所にいたら

【被害状況の確認】

・交通機関の運行状況を確認して帰宅する方法を考える。

【安否確認】

・電話やメールで家族の安否確認を試みる。

【避難】

・遠くて帰宅できない、また帰宅の途中に危険がありそうだと判断したら、近くの避難所や公共施設などに避難する。

●海の近くにいたら

【避難】

・ただちに高台に避難する。

・避難をためらっている人がいたら、危険であることを伝える。

初期消火の方法を知ろう

室内で火の手が上がっていたら、できるだけ早く初期消火をしましょう。ふだんから地震による火災の予防を徹底しておくことも大切です。

消防隊が対応しきれない場合も

大きな地震で怖いのが火災による被害です。あちこちで火の手が上がると消防隊は対応しきれず、なすすべがないまま地域一帯を燃やし尽くしてしまうケースもあります。

私たちにできることは、地震が起きても火災が起こらないように対策しておくこと、そして火災が発生したら火の勢いが弱いうちに消火を試みることです。いざというときに備え、その方法を知っておきましょう。

電気機器による火災が多発

地震による火災は、コンロで調理中の火が鍋の油に引火するといった状況をまずイメージするかもしれません。もちろん、それも原因の1つですが、じつはもっとも多いのは電気機器の破損や誤作動による火災です。実際、東日本大震災の火災も半分以上は電気関係が原因といわれています。

電気関係の火災は、冷蔵庫の電源コードが落下物で破損して火花が引火する、物が落ちてきて電気ストーブの電源が勝手に入って近くにあった服に燃え移るなど、さまざまな原因があります。こうした火災を防ぐためには、日頃から家電・家具の転倒や落下物に備えて対策しておくことが欠かせません。また、使っていないコンセントは抜いておくことも大切です。

さらに通電火災といわれる火災にも注意が必要です。これは停電から復旧した際、転倒した電気機器が作動して出火したり、断線した電気コードから火花が発生したりすることによるものです。通電火災は、停電時にブレーカーを切ることで防げます。

●地震が原因で起こる火災

- 調理中の火が鍋の油や周囲に燃え移る。
- 石油ストーブが倒れて床などに着火する（最近の製品は自動停止装置が付いていますが、油断は禁物）。
- 電気機器の破損や誤作動によって引火する。
- 停電の復旧後に発生する通電火災。

家庭用消火器を設置しておく

万が一、地震による火災が発生しても、初期のうちは消火器などで消すことができます。家庭用消火器を設置し、家族の誰でも使えるように、表示されている使用方法を確認しておきましょう。

いったん火が上がるとわずか2分で天井に達してしまうこともあります。そこまで火に勢いが付くと消火器で消すことはできません。その場合は、すみやかに避難してください。火災による死亡原因の多くは、煙を吸い込んで一酸化炭素中毒になることです。煙が立ちこめたらタオルやハンカチで口や鼻をおおい、はうように低い姿勢で避難してください。

キッチンに設置しよう。使用期限にも注意。

ライフラインはどうなる？

地震でライフラインが止まったら備蓄品を活用した被災生活を送ることになります。過去の災害時の状況に照らし合わせて、復旧までのめどを立てておくと備蓄品の計画も立てやすくなります。

ライフラインへの影響を確認する

ライフラインとは、電気や水道、ガス、通信など、私たちの生活や生存に欠かせないインフラをさします。災害によりライフラインがストップし、さらに道路や公共交通機関が寸断されると物流なども止まってしまい、食品や生活用品も届かなくなり、場合によっては命の危険にもさらされます。

被災後はライフラインの状況により、被災生活は大きく変わってきます。停電になれば避難所となる体育館や公民館は、夏は暑く、冬は寒さに耐えなければなりませんし、ガスがなければお湯をわかすのも大変。また、断水が起こると飲料水や生活用水を計画的に使うことが求められます。

電気

ライフラインの中で地震にもっとも弱いのは電気です。大きな揺れや液状化現象による建物の倒壊などで電柱や電線が損傷して電力の供給が止まってしまうことが原因です。

停電からの復旧にかかる日数は、地震による被害の大きさや地域によって大きく異なります。政府は首都直下型地震が起きた場合、電気復旧の目標日数は6日としています。しかし、能登半島地震では約9割の地域で電気が復旧するまでに1ヶ月ほどかかっているように長期化も覚悟しておかなければいけません。

対策

- LEDランタンや懐中電灯を準備する。
- 電池やカセットボンベで動く、停電でも使える機器を用意しておく。
- 電池を十分にストックしておく。

水道

電気の次に止まりやすいライフラインは水道です。地震の揺れによって水道管が壊れることなどで断水が起こります。断水の復旧までの目標日数は30日と、停電よりもかなり長めです（首都直下型地震を想定したケース）。

断水した地域には給水車が派遣されるなどして給水所が設けられますが、地震後の混乱により、すぐに支援が行われるとはかぎりません。飲料水は必ず十分な量を備蓄しておきましょう。

対策

- 飲料水は十分な量を備蓄する。
- お風呂の水など、ふだんから生活用水をためる習慣を取り入れる。
- 給水所から水を運ぶウォータータンクを用意する。

ガス

ガスが止まる原因は、安全装置の作動とガス管などの破損という2つがあります。安全装置は、引火やガス漏れなどの被害を防止するためのもので、安全を確認後、ガスメーターで復帰操作をするとガスが使えるようになります。

一方、ガス管などの破損によってストップした場合は、復旧工事を待たなくてはなりません。復旧までの目標日数は、水道よりも長い55日とされています（首都直下型地震を想定したケース）。プロパンガスは配管が短いため、都市ガスに比べて復旧は早くなります。

対策

- カセットコンロを用意し、カセットボンベは十分な量を備蓄しておく。
- カセットボンベで動くストーブなどを準備する。

避難所に行く？自宅にとどまる？

地震発生時、避難所に行くことだけが避難ではありません。自宅で避難生活を送る「在宅避難」の考え方を知って準備しておきましょう。

在宅避難という考え方を知ろう

大地震の被災地の生活を報じるニュースでは、避難所が映し出されることが多いため、自分も被災したら避難所に行くものと思っている人は多いかもしれません。たしかに余震が心配される場合、避難所に指定されるじょうぶな建物にいる方が安全です。しかし、避難所は共同生活のためプライバシーを保ちづらく、ストレスを感じたり体調を崩したりしてしまう場合もあります。ペットは別のスペースになることが多く、同じ空間で過ごせないといった不安もあります。さらに、大規模災害の発生時は、避難所が受け入れられる人数は大幅に不足していると指摘されており、多くの避難者が一気に押しかけるとパンクしてしまうおそれがあります。

そこで最近は、可能であれば自宅で避難生活を送る「在宅避難」の考え方が重視されるようになってきています。

在宅避難のメリットとデメリット

在宅避難のメリットは、なんといっても住み慣れた家で過ごせることです。避難所では1家族あたりの生活スペースが制限され、話し声なども周囲に筒抜けになりますが、在宅避難ではプライベートな空間を確保できるため、心理的な負担は軽くなるでしょう。いつも通り、ペットと一緒に過ごせる安心感もあります。

逆に、在宅避難のデメリットには、支援物資を受け取るために、避難所などに足を運ばなければいけないといったことがあります。また、最新の災害情報などをすぐに入手できないことにも気を付ける必要があります。

●在宅避難のメリットとデメリット

【メリット】
・住み慣れた自宅で過ごせ、プライベート空間が確保できる。
・小さい子どもがいても周囲を気にしなくて良い。
・ペットと一緒に過ごせる。

【デメリット】
・支援物資を受け取るために避難所などに行く必要がある。
・最新情報をすぐに入手できない場合がある。

事前の備えで在宅避難が可能に

在宅避難を行うために必ず満たさなくてはならない条件は、家の安全が守られていることです。「家が倒壊するおそれがある」「津波や土砂崩れの危険がある」といった場合は、すみやかに避難所などの安全な場所に避難する必要があります。

●避難所に行く方が良いケース

☑ 自宅が倒壊するおそれがある。
☑ 津波や土砂災害などの危険がある。
☑ ライフラインが停止した状況で生活する備えができていない。
☑ 生活するうえで他者のサポートが必要。

●在宅避難ができるケース

☑ 自宅に大きな損傷がなく、問題なく生活できる。
☑ 津波や土砂災害といった二次災害のおそれがない。
☑ ライフラインが停止した状況でも生活できる備えがある。

防災公園を活用しよう

防災公園は、地域の人々の命を守るさまざまな機能を備える公園です。休日などに訪れ、防災設備などを確認しておきましょう。

都市部などに防災公園が増加

防災公園は、一見すると普通の公園と変わりませんが、災害発生時に地域の人々の命を守るさまざまな機能を備えています。その広大なスペースは火災などから身を守るための避難場所として使われるほか、救出・救助の支援活動の拠点となったり、緊急時のヘリコプターの離発着場所として指定されていたりするケースもあります。そのほか、ライフラインの停止などを想定し、地域の人々の被災生活をサポートする多様な防災設備を備えています。

防災公園は全国的に増えつつありますが、とくに住宅が密集して避難スペースがかぎられる都市部での整備が急がれています。都内にはすでに60ヶ所を超える防災公園があります。

あらかじめ自宅の近くにある防災公園について調べておきましょう。休日などに家族で訪れ、ピクニックなどを楽しみつつ防災設備を確認しておくと、いざというときにきっと助けられるはずです。

休日などに訪れて防災意識を高めよう。

●防災公園にある設備

・かまどベンチ

ふだんは通常のベンチとして利用されており、座面を取り外すと炊き出し用のかまどになる設備です。調理に使えるほか、お湯をわかして煮沸消毒をしたり、寒いときに焚火をして暖を取ったり、さまざまな利用法があります。

・防災用トイレ

断水時に使用できる防災トイレが設置されています。さまざまなタイプがありますが、マンホール型トイレは、下水道管につながるマンホールの上に目隠しテントなどを設置して使用します。

・貯水槽

地下などに耐震性の貯水槽を備える防災公園では、断水時に地域の人々に給水を行います。災害時に使える井戸が設置されているケースもあります。

・備蓄倉庫

飲料水や食料、救護用品、毛布、衛生用品など、被災生活に役立つさまざまな物資が備蓄されています。

・ソーラー発電設備

停電時にもソーラーパネルで発電する照明や時計などが設置されています。

●そのほかの設備

敷地の広い防災公園には、ヘリコプターの臨時離発着場が設けられている場合があります。また、災害救援自動販売機や防災あずまやなど、被災者を支援するさまざまな設備があります。地震や被害状況などの情報も入手しやすく、被災時には非常にたよりになる場所です。

避難所での生活

避難所は安心感がある半面、かぎられたスペースでの生活のため不便が付きものです。必要なものを持ち込み、避難所生活を少しでも過ごしやすいものにしましょう。

かぎられたスペースでの生活になる

地震で家が壊れたり、津波や土砂災害など二次被害のおそれがある場合は、一時的に避難所に身を寄せることになります。避難所は、学校の体育館や公民館に設置され、水や食料、毛布などが支給されます。

避難所は多くの人々の共同生活のため、生活スペースがかぎられます。1人あたり1畳程度といったケースも多く、かなり窮屈な生活を覚悟しなくてはなりません。同じ境遇の人が一緒にいるのは心強い半面、つねに周囲の話し声が聞こえてプライバシーが守られないため、ストレスを感じやすいでしょう。隣のスペースとの目隠しになるパーテーションを用意している避難所もありますが、自分で段ボールを持ち込んで仕切りをつくる方法もあります。

また、大勢が密集して過ごす状況では感染症が発生しやすいことにも注意が必要です。

必要なものを持っていこう

避難所では生活に欠かせない物資は支給されます。しかし、備蓄品にはかぎりがありますから、一気に大勢の人が避難をすると不足して「早いもの勝ち」の状況になってしまうこともあります。2〜3日すると救援物資が届き始めますが、道路の状況により運搬が遅れたり、被災地が広い範囲にわたる場合は十分な量を確保できなかったりすることも考えられます。そのため、支給品だけにたよらず、必要なものは自分で持ち込みましょう。

●避難所に持っていきたいもの

☑ **飲料水・食料**

避難所では最低限の量しか手に入らないため、家族分の飲料水や食料を用意しましょう。お菓子やチョコレートなど甘いものもあると良いでしょう。

☑ **寝袋**

避難所に用意されている場合もありますが、かけぶとんやマットの代わりにもなるので、持っていて困ることはありません。

☑ **薬**

被災後しばらくは薬が手に入りづらくなります。持病の薬のほか、風邪や感染症に備えて熱さましや体温計などを持っていきましょう。

☑ **携帯トイレ**

避難所ではトイレが足りなくなり、長い行列ができることも。家族用の携帯トイレを用意しておくと安心です。

☑ **着がえ**

停電すると避難所の冷暖房は動かず、夏は暑く、冬は寒い中で過ごさなくてはいけません。気候に合った着がえを用意しましょう。

☑ **懐中電灯**

暗くなってから屋外で行動する際に必要です。

☑ **段ボール・新聞紙**

段ボールはかさばりますが、仕切りをつくったり、寝るときに床にしいたりと、なにかと役立ちます。新聞紙は床にしいて冷気が伝わるのを防いだり、体に巻いて保温したりできます。

☑ **衛生用品**

歯みがきや石鹸、生理用品、ウェットティッシュなどを準備しましょう。しばらくはお風呂に入れないため、体をふけるサイズのウェットティッシュがあると便利です。さらに、感染症対策としてマスクや消毒液もあると良いでしょう。

避難所でのルールとマナー

避難所の共同生活を成り立たせるためには、一人ひとりがルールやマナーを守ることが欠かせません。どのような心構えが求められるかを知っておきましょう。

ゆずり合いや助け合いが大事

避難所での暮らしは、思い通りにならないことばかりです。しかし、不安や不満にばかり目を向けているとストレスはたまる一方で、それが爆発すると口論やけんかになったり、物資の取り合が起こったりしかねません。

そもそも避難所には、避難者のお世話をしてくれる人はいません。避難者一人ひとりが協力して、少しでも気持ち良く過ごせる環境をつくり上げていく必要があるのです。

そのため、避難所に定められたルールを守ることはもちろん、みんながマナーを大切にして、ゆずり合いや助け合いを意識することが大切になります。あなたが自分から周囲の人たちに親切な行いをすれば、きっと相手も同じことを返してくれるでしょう。避難所生活は、そのような相互関係で成り立っていることを忘れないでください。

子どもができる手伝いも多い

避難所では子どもができる仕事もたくさんあります。ゴミの片付けやトイレ掃除、支援物資の運搬、食事のしたくなど、できることを見つけて手伝いましょう。1人で避難している高齢者に積極的に話しかけてみると、お互いに楽しい時間を過ごせることもあるでしょう。

●避難所でのマナー

・運営には積極的に協力する

避難所の運営は避難者一人ひとりの協力によって支えられています。大人も子どもも自分ができることを探して積極的に協力しましょう。

・決められたルールを守る

避難所では、ゴミ出しの方法や場所、トイレの利用方法、消灯時間、物資の配給方法、洗濯ものを干す場所、火気厳禁といった多くのルールが定められています。「自分だけなら」という考えを持たず、みんなが気持ち良く生活できるようにルールを守りましょう。

・ゆずり合い、助け合いの心を持つ

避難所では物資やスペースがかぎられており、誰もががまんをしいられています。できるだけゆずり合う心を持つようにしましょう。

・こまめな清掃や片付けを心がける

避難所の清掃は、避難者が協力して行う必要があります。とくに自分の生活スペースは衛生管理のためにも、こまめな清掃や片付けを心がけましょう。

・高齢者や身体の不自由な方など要配慮者に気配りする

物資の配給などでは、高齢者や身体の不自由な人、乳幼児のいる人など、配慮を要する人たちを優先する気持ちを大切にしましょう。

・コミュニケーションを大切にする

誰もが慣れない避難所生活に対して不安や不満を抱いています。避難者同士で声をかけ合って助け合う関係をつくってお互いに支え合いましょう。

ペットのいる家庭の備え

地震発生時にペットを守れるのは飼い主だけです。日頃からペットの安全確保についても考えておきましょう。

ペットフードは多めに備蓄

犬や猫といったペットの命を守るのは飼い主の責任です。大きな地震が起きたらどう対応するか、あらかじめシミュレーションしておきましょう。

在宅避難ができる場合は、ふだんのお世話と大きく変わらないかもしれません。ただし、ペットフードなどは入手しづらくなりますから、ふだんから多めに用意しておいてください。断水が起きたらミネラルウォーターなどを与えることになりますが、ミネラルが多く含まれる硬水を長期間飲み続けると体調を崩すことがあるため、できれば軟水を備えておきましょう。

ペットは「同行避難」が原則

避難所に行く場合にペットを連れて行くかどうかは判断が難しいかもしれません。環境省のガイドラインでは、災害時に人とペットが一緒に避難することを推奨しています。しかし、すべての自治体の避難所がペットを受け入れているわけではありません。あらかじめ自分の暮らす自治体に確認しておきましょう。

ペットを連れて行けない場合は、家の中に安全なスペースをつくり飼い主が家に戻ってお世話をしたり、友人や知人にあずけたりする方法が考えられます。また、過去の震災ではペットと一緒に車中泊をして対応する飼い主も多く見られました。

ペットを受け入れる避難所でも、人とは生活スペースが異なることがほとんどです。動物が苦手だったりアレルギーを持っていたりする人もいるため、これはしかたのない対応といえるでしょう。ケージやキャリーバッグを用意するとともに、その中で落ち着いて過ごせるように慣れさせておきましょう。

ペット用の緊急持ち出し袋をつくろう

避難所ではペット用の物資の支給はないため、エサやおやつ、水などを持っていく必要があります。あらかじめペット用の緊急持ち出し袋も用意しておきましょう。災害時は、ペットが逃げ出して迷子になってしまうリスクも高まります。飼い主の証明になるマイクロチップを装着し、首輪などに分かりやすい迷子札を付けておくと安心です。

●こんなものを用意しておこう

☑ ケージ・キャリーバッグ

避難所ではケージやキャリーバッグなどの中で過ごすケースが多いため、あらかじめ用意して慣れさせておきましょう。

☑ ペットフード・おやつ

ふだん使っているものを多めにストックしておきましょう。

☑ 予備の首輪とリード

伸縮しないものを用意しましょう。

☑ ペット用品

ペットシートやビニール袋、ウェットティッシュ、ブラシ、タオルなどをまとめて緊急持ち出し袋に入れておきましょう。

☑ お気に入りのおもちゃなど

避難所ではペットにも大きなストレスがかかります。少しでも気持ちが落ち着くように、お気に入りのおもちゃなど匂いの付いたものを持っていきましょう。

健康に気を付けよう

被災生活は健康管理がおろそかになりがちです。とくに水分不足や栄養バランスのかたより、運動不足などに気を付けましょう。

乳幼児や高齢者はとくに注意

被災生活では目の前のことに精いっぱいで、健康管理がおろそかになってしまうかもしれません。しかし長期間にわたって心身に大きなストレスがかかり続けると体調が悪くなったり、病気を発症したりすることもあります。とくに体力が弱い高齢者や乳幼児の体調管理には注意が必要です。

できるだけ規則正しい生活を心がけ、栄養バランスのかたよりや運動不足などに気を付けて健康を維持しましょう。

●健康を守るためのポイント

☑ **水分をしっかりとる**

断水が起こると節水が求められるほか、トイレに行く回数を減らしたいといった理由で水分をとる量が少なくなりがちです。しかし、水分の不足はさまざまな体調悪化を引き起こす原因となります。暑い時期には脱水症状や熱中症を起こしやすくなり、食欲不振や頭痛、疲労感などの症状が現れることもあります。さらに血液の循環が悪くなって心筋梗塞やエコノミークラス症候群などを引き起こす危険もあります。こまめな水分補給は健康管理の基本と考えましょう。

水の衛生状態にも気を付けてください。給水車によるくみ置きの水はできるだけ当日使いましょう。また、やむをえず井戸水を飲む場合は煮沸などの殺菌を徹底してください。

☑ 栄養バランスに配慮する

被災時の食生活は、ご飯や麺類といった炭水化物が多くなりがち。肉や魚、乳製品などのタンパク質を多く含む食品のほか、ビタミンやミネラル、食物繊維を補うために野菜や海藻類を意識してとりましょう。ふだんから、こうした栄養バランスを考えた備蓄を行っておくことが大切です。

☑ 食中毒に注意する

災害時は、冷蔵保存が難しくなり、衛生状態も悪化することなどから食中毒が発生しやすくなります。とくに体の抵抗力が弱い高齢者や乳幼児は注意してください。

調理や盛り付け、食事の前には手洗いや消毒を行いましょう。調理する場所や食器なども清潔を保ってください。避難所で出された食事はできるだけ早く食べるようにし、時間が経って心配な場合は思い切って廃棄してください。

食中毒は食べものが腐りやすい暑い時期に起こるイメージがありますが、ノロウイルスなどによる食中毒は冬に多発します。1年を通して注意が必要です。

☑ 運動不足に注意

避難所などで過ごしていると、ふだん通りの活動ができず運動不足になりがちです。その状態が長期間続くと、体力が落ちたり病気を発症したりすることもあります。とくに車中で避難生活を送る場合など、狭いスペースで動かない状態が続くと、血行不良が起こって血液が固まりやすくなり、エコノミークラス症候群を引き起こすこともあります。軽い運動やストレッチを日課として、運動不足を解消しましょう。

☑ 感染症に気を付ける

避難所での共同生活では、コロナウイルスやインフルエンザ、胃腸炎など、さまざまな感染症が流行する危険性があります。こまめな手洗いや消毒を行うとともに、発熱やせきの症状がある場合はマスクを着用しましょう。

感染症対策として、マスクやウエットティッシュ、石鹸、消毒液、解熱剤などをあらかじめ準備しておき、避難所に持っていきましょう。

正確な情報を入手しよう

人々が不安にかられる震災時は、偽情報や誤情報が広まりやすくなります。過去の事例を知って根拠のない情報に振り回されないようにしましょう。

偽情報のパターンを知っておく

災害の発生時は、偽情報や誤情報、根拠のないうわさなどが広まりやすいことに注意する必要があります。人は自分の理解や想像を超えることが起きると不安になって理由や根拠を求めたくなるものです。さらに、「もっと大変なことが起こるのではないか」といった恐怖心にかられます。

そうした人々の思いに付け入る形で、「人工地震と判明した」「○月○日に再び地震が起こる」といったさまざまな偽情報やデマが広がっていきます。インターネットで瞬時に情報が共有されるようになったことも大きな要因でしょう。

こうした情報に振り回されると、正しい判断や行動ができず、場合によっては身の危険にもつながってしまいます。あらかじめどういった偽情報や誤情報が広まりやすいかを知っておくと、適切に対処しやすくなるでしょう。

●地震発生後に広まりやすい偽情報や誤情報のパターン

「○月○日に再び大地震が起こる」
「敵対国が地震兵器で攻撃した」
「外国人の窃盗団が横行している」
「△△の地域で暴動が発生した」
「○○の避難所で××の感染症が流行している」
「○○の避難所には物資が豊富にある」

SNSの情報には要注意

とくにSNSによる情報には注意してください。不特定多数の個人が情報を発信できるSNSは被災地などからリアルタイムの情報を得られる利点がある一方で、誤情報や偽情報がまぎれこむことがあります。

実際に能登半島地震の発生後には、人工地震が原因だとする主張や原子力発電所に関する誤った情報などが大量に拡散されました。また熊本地震では動物園から猛獣が逃げたというデマが広まり騒動が起こりました。こうした情報の中には、受け手に信じさせるためにフェイクの画像や動画を添付して発信するといった悪質なケースも見られます。

災害発生時にインターネットは重要な情報源となりますが、こうした危険性があることを理解して慎重に活用する必要があります。

情報源を必ず確かめる

大きな地震が起きた後は、偽情報や誤情報が必ず広まると考えてください。そのうえで、情報をうのみにして行動せず、まずは落ち着いて考え、情報の発信元が信頼できるかを確かめましょう。

自分が偽情報や誤情報を広めることに加担しないように気を付けることも大切です。たとえば、「3日後に大きな余震が起きる」といった話を聞いて不安になったら、誰かに伝えたくなるかもしれません。しかし、公的機関が発表した情報であるといった根拠がないかぎり、不確かな情報を広めてはいけません。

●あやしい情報を受け取ったら、どうする?

- 正しい根拠にもとづいた情報であるかを冷静に考える。
- インターネットやラジオなどで公的な情報を確認する。
- 複数の信頼できる人から意見を聞く。

心のケアを大切に

大きな地震で命の危険にさらされる経験は心に深い傷を負わせます。被災生活では心のケアも大切にしてください。

うつ病などにつながるリスクも

けがや病気に比べると心の傷は目に見えづらいこともあり、精神面のケアは後回しにされてしまうことが少なくありません。しかし、地震によって強い恐怖やショックを感じたり、大切な人や場所、ものをうしなったりすると、人は心に深い傷を負い、心身の両面にさまざまなストレス反応が現れることがあります。そのまま放置すると、うつ病などの心の病気につながりかねないため注意が必要です。

ストレス反応に気付く

ストレス反応は、自分では対処できないくらい大きなストレスに直面したときに、心や体、行動などに変化が現れることをいいます。命の危険にさらされる地震の恐怖や不安はとても大きいため、大人か子どもかにかかわらず、多くの人がストレス反応を経験します。

その症状は軽いものから重いものまでさまざまで、一見すると体調不良などと見分けが付きにくいものもあります。ストレス反応の様子が見られる場合は、とくに心のケアを大切にしましょう。本格的な治療は医師やカウンセラーに任せる必要がありますが、生活の中でやわらげられるケースもあります。

●さまざまなストレス反応

【体に現れるストレス反応】

- 寝られなくなる、夜中に目を覚ます。
- 食欲が出ない。
- 体がだるい。
- 頭痛や肩こり、腹痛がする。
- 手がふるえる。
- 下痢をする。

【心に現れるストレス反応】

- 不安や恐怖を感じる。
- イライラする。
- 怒りっぽくなる。
- やる気が出ない。
- 落ち込む。
- 集中できない。

●こんな心のケアを大切にしよう

・会話を大切にする

家族や友人、近所の人などとの会話を通して、安心や安全を感じられるつながりをあらためて大切にしましょう。笑う、泣く、怒るといった素直な感情を受け止めることを心がけ、泣きたいのにがまんをしたり、つらいことを隠したりしなくても良いと感じられる関係を築いてください。

避難所には1人で避難をしてくる人もいます。積極的に話しかけて気持ちを共有することで、お互いの心がいやされることもあるはずです。

・しっかりと休息を取る

被災生活はなかなか心が休まらないものですが、睡眠や休息の時間を意識して取るようにしましょう。眠れなくても、体を横にするなど楽な姿勢を取って休むだけでも疲労は回復していきます。

・子どもが遊べる環境をつくる

子どもの心のケアとして、被災生活の中に遊びを取り入れましょう。遊びに夢中になり体を動かしたりする中で、不安や緊張がやわらぎ、徐々に元気を取り戻していく効果が期待できます。

また、被災した子どもが「地震ごっこ」「津波ごっこ」などをするケースがあります。大人からすると少し不謹慎と感じるかもしれませんが、これは遊びの形で災害を再現することで、ストレスを乗り越えて自分をいやす行為と考えられています。危険のない範囲で見守るといいでしょう。

生活の再建に向けて

被災後、生活を再建するために、さまざまな公的支援を活用しましょう。おもな制度だけでも事前に調べておくと安心です。

事前に公的支援を調べよう

避難生活が落ち着いてきたら、生活の再建に向けて動き出しましょう。

自宅が被害を受けた場合は、さまざまな支援を受けるために必要な「り災証明書」を申請してください。自治体が申請内容をもとに調査を行い、「全壊」「大規模半壊」「半壊」など被害の程度を区分します。地震の後に自宅を片付ける際に、カメラやスマホなどで被害の状況を撮影しておくと、り災証明書の申請のほか、地震保険の請求時にも役立ちます。撮影する際は、家全体や部屋ごとの様子が分かるように、「引き」や「寄り」など位置や角度を変えて、できるだけ多く撮っておきましょう。

国や自治体は、生活再建にかかる負担を軽くする多くの制度を用意していますが、基本的に被災者が自ら申請しないと支援を受けられません。被災後は精神的なダメージもあり、こうした公的支援について調べるのは大変です。できれば事前に調べて把握しておきましょう。

別紙（記載例）

（整理番号）

罹災証明書

世帯主住所	○○県○○市○丁目○番○号		
世帯主氏名	○山 ○男		
世帯構成員	氏名	続柄	年齢
	○山 ○男	世帯主	○○
	○山 ○子	妻	○○
	○山 ○朗	子	○○
罹災原因	○○年○○月○○日の ○○地震 による		
被災住家※の所在地	○○県○○市○丁目○番○号		
住家※の被害の程度	□全壊 □大規模半壊 ☑半壊 □準半壊 □準半壊に至らない（一部損壊）		
浸水区分	床上浸水		

※住家とは、現実に居住（世帯が生活の本拠として日常的に使用していることをいう。）のために使用している建物のこと。（被災者生活再建支援金や災害救助法による住宅の応急修理等の対象となる住家）

住家以外の被害	土地の一部流出、車1台浸水

上記のとおり、相違ないことを証明します。

年　月　日

○○市町村長　印

●生活再建をサポートするおもな支援制度

・被災者生活再建支援金

自宅が大きな被害を受けた場合に支給されます。り災証明書を持って自治体の窓口に申請してください。「全壊」は100万円、「大規模半壊」は50万円など、被害の程度によって支給される金額が異なります。

さらに新たな住居の建設や購入に対して追加の支給金が支払われる加算支援金を含めると、最大300万円の支給となります。

・災害弔慰金

災害によって死亡した人の遺族に対して支給されます。生計維持者（通常は親）が死亡した場合は500万円、そのほかの人が死亡した場合は200万円が支給されます。

・災害障害見舞金

災害によって重い障がいを負った人に対して支給されます。生計維持者は250万円、そのほかの人は125万円が支給されます。

・義援金

各地から届けられた義援金は、自治体によって被災者に公平に分配されます。自分の住んでいる自治体に必要な書類を提出して申請します。人的被害や住宅被害など、被害の状況によって受け取る金額は異なります。

・応急修理制度

自宅の屋根や床、トイレなど生活に欠かせない部分が壊れ、そのままでは住めない場合に修理費用の一部を負担してくれます。自宅の「半壊」以上は70万6000円以内といった基準が設けられています。

・災害援護資金

災害により負傷したり、住宅や家財に損害を受けた人に対し、生活再建に必要な資金を貸し付ける制度です。

※このほかにもさまざまな公的支援があります。不明なことがあったら、自分が暮らしている自治体に問い合わせてください。

被災後に後悔したことは？

過去の被災者の声には、防災に役立つヒントがつまっています。被災者が後悔したと語ることを参考にして災害対策を見直しましょう。

被災者の声から災害対策を学ぶ

いざ被災すると、「ああしておけば良かった」「これを用意しておけば良かった」といった後悔は起こるものです。過去の震災の被災者たちの声には、これからの防災を考えるうえで大きなヒントがつまっています。とくに多く聞かれる声をもとに、今一度災害対策を見直してください。

●多くの被災者が後悔したと語ること

「家具や家電の転倒対策をしておけば良かった」

備蓄などの対策を進めている家庭でも、家具や家電の転倒対策には手が回らないケースが少なくないようです。とくに対策の必要はないと楽観視している人がいるほか、危険と分かっていても作業を面倒に感じたり、費用や手間がかかるため先のばししていたりする場合もあるようです。賃貸住宅などでは壁に傷を付けたくないといった声も聞かれます。

しかし、大きな地震が起こると、家具や家電はいとも簡単に倒れます。その下敷きになると命の危険があるほか、避難経路がふさがれて逃げ遅れてしまうかもしれません。できるだけ早く対策しておきましょう。

「トイレが使えない状況に備えておけば良かった」

大きな地震が起きるたびに、トイレが使えなくなることが深刻な問題として指摘されてきました。自宅のトイレが流せなくなるほか、避難所の仮設トイレの数が不足する状況にも多くの被災者が悩まされます。トイレに行かなくてすむように水分をひかえることで、脱水症状やエコノミークラス症候群などを引き起こしてしまうといった問題もあります。

排せつはがまんできない生理現象ですから、トイレは必要不可欠です。それでも、食料などの備蓄を優先し、携帯トイレを備えていない家庭はまだまだ多いようです。携帯トイレを必ずストックするとともに、災害時に使える「マンホール型トイレ」などが設置されている場所を確認しておきましょう。

「車のガソリンを満タンにしておけば良かった」

車はいざというときに車中泊に使えるほか、冷暖房をつけて暑さや寒さをしのぐ、ラジオで情報収集をする、スマホを充電するなど、避難生活にはとても役立ちます。基本的に避難に使うのはひかえるべきですが、命の危険がせまっている緊急時に安全な場所に脱出できることもあるかもしれません。しかしガソリンの残量が少なければ、宝の持ちぐされとなってしまいます。

地震への備えとして、車がある家庭では、ふだんからガソリンの残量に気を配っておきましょう。

「季節ごとの対策をしておけば良かった」

地震はいつやってくるか分からず、真夏や真冬に被災するかもしれません。電気が使えない状況で暑さや寒さをしのぐためには、それ相応の準備が必要です。たとえば、冬場の避難所生活で防寒グッズが十分にそろっていないと、寒さにふるえて眠れないといった状況が起こりえます。季節の変わり目には、防災グッズを必ず見直しましょう。

自助、共助、公助について知ろう

災害対応では、個人ができることに取り組みながら周囲と協力することが大切です。「自助」「共助」、そして「公助」の3つの輪をうまく連携させましょう。

1日も早い復旧・復興のために

災害の被害を最小限におさえ、1日も早い生活再建を図るためには、「自助」「共助」「公助」の考え方が欠かせません。まずは自分自身や家族を守る「自助」、さらに近所や地域の人たちが助け合う「共助」を心がけたうえで、自治体や消防・警察などによる「公助」を受けるという考え方が大切です。

●自助

自分自身や家族を守るために、自分で防災に取り組む意識を持ちます。

- 日頃から十分に備蓄しておく。
- 自宅の耐震化や家具の転倒対策を徹底する。
- 避難経路を確保しておく。
- 家族間で被災時の安否確認の手段を確認しておく。

●共助

自分や家族の安全を確保した後、近所や地域の人たちと助け合います。

- 日頃から近所の人たちと顔の見える関係をつくる。
- 地域の防災活動に積極的に参加する。
- 高齢者など要配慮者の避難などを支援する。

●公助

自治体や消防、警察、自衛隊などによる公的な支援のことです。自治体ではハザードマップを作成して防災拠点を設けるなど、災害の被害をおさえる活動を行っています。どのような支援があるのかを確認しておきましょう。

第5章

知っておきたい地震用語

地震や防災を理解するために必要な用語を分かりやすく解説します。少し専門的な用語もありますが、しっかりと理解すればニュースを見聞きした際にもスッと頭に入ってくるはずです。

能登半島地震では輪島で大規模な火災が発生。約5万㎡を焼きつくし、300棟近くの建物がうしなわれた。

【知っておきたい地震用語】

震度

震度とは、ある場所における地震の揺れの大きさのことです。全国各地に設置された地震計によって自動的に観測されます。

震度は0から7までありますが、震度5と6はそれぞれ「弱」と「強」に分かれるため 10 階級になっています。「どうして震度8や震度 10 はないの?」と疑問に感じるかもしれません。これは過去に震度7以上の地震が計測されたことがないうえに、震度7の揺れは最大級の被害をもたらすため、それ以上の震度を発表することに防災上の意味はないことが理由とされています。

地震の揺れは地盤や地形などに大きく左右されるため、震源より遠い場所の方が震度が大きかったり、同じ町内で震度が異なったりする場合があります。

●震度階級

震度階級	人の体感
0	人は揺れを感じないが、地震計には記録される。
1	屋内で静かにしている人の中には、揺れをわずかに感じる人がいる。
2	屋内で静かにしている人の大半が、揺れを感じる。 眠っている人の中には、目を覚ます人もいる。
3	屋内にいる人のほとんどが、揺れを感じる。 歩いている人の中には、揺れを感じる人もいる。 眠っている人の大半が、目を覚ます。
4	ほとんどの人が驚く。 歩いている人のほとんどが、揺れを感じる。 眠っている人のほとんどが、目を覚ます。
5弱	大半の人が、恐怖を覚え、ものにつかまりたいと感じる。
5強	大半の人が、ものにつかまらないと歩くことが難しいなど、行動に支障を感じる。
6弱	立っていることが困難になる。
6強	立っていることができず、はわないと動くことができない。 揺れにほんろうされ、動くこともできず、飛ばされることもある。
7	立っていることができず、はわないと動くことができない。 揺れにほんろうされ、動くこともできず、飛ばされることもある。

マグニチュード

揺れの大きさではなく地震そのものの規模を示す単位です。その地震がどれくらいのエネルギーを持つかを表しています。数字の前に「M」という文字を付けて表されることがあり、1から 10 までの値を取ります。つまり、最大規模の地震はマグニチュード 10 となります。

震度とは異なり、マグニチュードが大きいからといって揺れが大きいとはかぎりません。マグニチュードが小さい地震でも震源から近い場合は大きく揺れます。

マグニチュードが1増えると、地震のエネルギーは約 32 倍もの大きさになり、2増えると約 1000 倍にもなります。マグニチュードの数字が1ずつ増えるだけで、地震の規模がけた違いに大きくなることが分かるでしょう。

日本国内で観測された最大規模の地震は 2011 年に発生した東日本大震災で、マグニチュードは 9.0 に上りました。これは 1900 年以降に世界で発生した地震の中で4番目に大きな規模です。世界の観測史上最大の地震は 1960 年に発生したチリ地震で、マグニチュードは 9.5 に達しました。

●過去に発生した大規模な地震

順位	年月日（日本時間）	発生場所	マグニチュード
1	1960 年 5 月 23 日	チリ	9.5
2	1964 年 3 月 28 日	アラスカ湾	9.2
3	2004 年 12 月 26 日	インドネシア、スマトラ島北部西方沖	9.1
4	2011 年 3 月 11 日	日本、三陸沖	9.0
	1952 年 11 月 5 日	カムチャッカ半島	9.0
6	2010 年 2 月 27 日	チリ、マウリ沖	8.8
	1906 年 2 月 1 日	エクアドル沖	8.8
8	1965 年 2 月 4 日	アラスカ、アリューシャン列島	8.7
9	1950 年 8 月 15 日	チベット、アッサム	8.6
	2012 年 4 月 11 日	インドネシア、スマトラ島北部西方沖	8.6
	2005 年 3 月 29 日	インドネシア、スマトラ島北部	8.6
	1957 年 3 月 9 日	アラスカ、アリューシャン列島	8.6
	1946 年 4 月 1 日	アラスカ、アリューシャン列島	8.6

米国地質調査所資料より

南海トラフ地震

トラフとは、海溝に比べるとゆるやかで幅が広い、海底のくぼみをさします。水深が 6000m より浅いとトラフ、深いと海溝と呼ばれます。

日本の近海にはいくつものトラフがありますが、中でも伊豆半島西側の駿河湾から九州まで続く南海トラフでは、巨大地震の発生が心配されています。

南海トラフでは、100 ～ 150 年の周期で巨大地震が発生しており、前回（1944 年の昭和東南海地震、1946 年の昭和南海地震）から 80 年近くが経過しています。そのため巨大地震のリスクが高まっており、今後 30 年以内に 70 ～ 80%の確率でマグニチュード8～9クラスの地震が発生する可能性があるといわれています。

南海トラフ地震が起こると、静岡県から宮崎県にかけての一部地域では震度7になる可能性があり、その周辺地域でも震度6強から震度6弱の激しい揺れが予想されます。さらに関東地方から九州地方の太平洋沿岸では 10m を超える大津波も想定されており、最大限の警戒が必要です。

南海トラフ地震では、東海地震・東南海地震・南海地震という3つの隣り合う震源域が連動して巨大地震を発生させることで被害が大きくなるおそれがあります。実際、1707 年の宝永地震では、3つの震源域が数十秒のうちに連動して地震を起こしたことが分かっています。

●南海トラフで過去に発生した大規模地震

684年	白鳳（天武）地震
887年	仁和地震
1096年	永長東海地震
1099年	康和南海地震
1361年	正平（康安）東海地震
1361年	正平（康安）南海地震
1498年	明応地震
1605年	慶長地震
1707年	宝永地震
1854年	安政東海地震
1854年	安政南海地震
1944年	昭和東南海地震
1946年	昭和南海地震

震源

地震が発生した地点をさします。地震は地下の岩盤が急激にずれることで起こります。最初にずれ始めた点を震源といい、ずれが発生した範囲全体を震源域といいます。

たとえば、東日本大震災は三陸沖の宮城県牡鹿半島の東南東 130km 付近、深さ約 24km が震源ですが、震源域は東北地方から関東地方にかけての太平洋沖、幅約 200km、長さ約 500km にもおよびます。

断層・活断層

地面を掘り下げていくと、固い岩の層にぶつかります。大地が動くことによって、この岩の層が割れてずれた状態を断層といいます。断層がずれることで生じたエネルギーが地面に伝わったものが地震です。

断層のうち、将来的に動いて地震を引き起こす可能性があるものを活断層といいます。現在、全国各地には 2000 以上の活断層が見つかっていますから、どの地域で地震が起こっても不思議ではありません。阪神・淡路大震災や熊本地震、能登半島地震などは、活断層が動いたことで発生した直下型地震です。

活断層は、一定の間隔で繰り返し地震を発生させる性質があります。自分の住む地域の近くに活断層があるかを調べ、その活断層が何年おきにどれくらいの規模の地震を引き起こすかを知っておくことが対策につながります。

Adobe Stock | #382087052

阪神・淡路大震災で生じた断層。

群発地震

ある地域に集中的に多くの地震が発生することをいいます。震源が浅く、小さめの地震が連続するケースが多く見られます。とくに有名なのは 1965 年から約5年半もの間続いた長野県の松代群発地震で、体に感じない揺れを含めた地震の総回数は 74 万回を超えました。

群発地震は火山の周辺で発生することが多いのですが、詳細なメカニズムはまだ解明されていません。

火山性地震

地震には、プレート境界型地震や直下型地震とは別に、火山活動が原因となるものもあり、火山性地震と呼ばれます。火山性地震は、火山の噴火による揺れのほか、マグマの動きなど火山内部の活動によるものなどがあります。

初期微動（P波）・主要動（S波）

地震が発生すると、初期微動（P波）と主要動（S波）という2つの揺れが起こります。最初に小さな揺れであるP波が到達して、続けて大きな揺れであるS波が観測されます。

地震が起きたとき、しばらくカタカタと揺れてから、ゆさゆさと大きな横方向の揺れに変わるのを感じたことがあるでしょう。これがP波とS波の違いです。

もともとP波とS波は震源から同時に発生しますが、伝わる速度がP波の方が速いため、到達時間に差が生じます。緊急地震速報では、こうしたP波とS波の性質を利用しています。地震が起こると、震源に近い地震計がP波を観測して気象庁に伝えます。気象庁では、震源域や地震の規模、S波の到達時間などを自動的に計算し、強い揺れがくることを緊急地震速報として発表しています。

長周期地震動

大きな地震では、周期（揺れが1往復するのにかかる時間）が長くゆったりとした揺れが起こることがあります。とくに周期が数秒から20秒程度の揺れは、長周期地震動と呼ばれます。

建物にはそれぞれ固有の揺れやすい周期（固有周期）があります。地震の揺れの周期と、建物の固有周期が一致すると共振する現象が起こり、建物がいっそう大きく揺れる場合があります。こうした共振は、高層ビルやタワーマンションなどの超高層建物で起こりやすくなります。長周期地震動が起こると、立っているのが困難になり、家具が転倒や移動をするなど、大きな被害が発生するおそれがあります。

長周期地震動による揺れは遠くまで伝わりやすい性質があります。東日本大震災でも震源から遠く離れた東京の高層ビルが大きく揺れました。

気象庁では、長周期地震動の4つの階級を設けて警戒を呼びかけるとともに、2023年2月、緊急地震速報に長周期地震動の警報を追加しました。

●長周期地震動の階級

階級	人の体感・行動	室内の状況
長周期地震動階級1（やや大きな揺れ）	室内にいたほとんどの人が揺れを感じる。驚く人もいる。	ブラインドなど吊り下げものが大きく揺れる。
長周期地震動階級2（大きな揺れ）	室内で大きな揺れを感じ、ものにつかまりたいと感じる。ものにつかまらないと歩くことが難しいなど、行動に支障を感じる。	キャスター付き什器がわずかに動く。たなにある食器類、書だなの本が落ちることがある。
長周期地震動階級3（非常に大きな揺れ）	立っていることが困難になる。	キャスター付き什器が大きく動く。固定していない家具が移動することがあり、不安定なものは倒れることがある。
長周期地震動階級4（きわめて大きな揺れ）	立っていることができず、はわないと動くことができない。揺れにほんろうされる。	キャスター付き什器が大きく動き、転倒するものがある。固定していない家具の大半が移動し、倒れるものもある。

気象庁発表の資料より

前震・本震・余震

ある場所で連続して起きた地震の中でもっとも大きな地震は本震と呼ばれます。一方、前震とは、本震の発生前に本震と同じ震源域で起きた地震をさします。前震は本震の数日前から直前に起きることが多いのですが、1ヶ月以上前に発生する場合もあります。本震が起きる前に、それが前震であると判断できると対策に効果的ですが、現状では困難といわれています。

本震が発生した後に多発する比較的規模の小さい地震は余震といいます。余震は本震の直後に多く発生し、時間の経過とともに減少していくことが一般的です。余震の中でもっとも大きい地震は、最大余震と呼ばれます。

耐震・制震・免震

地震が多発する日本では地震に強い建物をつくるための技術開発が進められてきました。これまで過去の震災を教訓として、たびたび法改正が行われ、耐震基準は強化されています。

地震に強い建物をつくるためには、「耐震」「制震」「免震」という3つの方法があります。それぞれメリットやデメリットは異なります。

・耐震構造／地震の揺れに耐える

地震の揺れに耐えられるように建物の構造そのものをがんじょうにすることです。建物の骨格などを強くするなどして、揺れに負けない建物をつくります。建物の地震対策としてはもっとも一般的で、戸建て住宅やマンション、学校、オフィスビルなどは、建築基準法の耐震基準にもとづいて設計されています。

耐震構造は建設コストが低いといったメリットがある一方で、地震の揺れが直接伝わるため建物へのダメージが残る可能性があります。また、揺れを減少させるわけではないため、家具などの転倒も起こりやすくなります。

・制震構造／地震の揺れを吸収する

地震の揺れを吸収する構造です。建物の内部にダンパーなどの制震装置を設置することで揺れをおさえて、壁のひび割れなどの被害を軽減します。地震対策のほか、風による揺れへの対策として採用されることも多い構造です。

一般的に建物は上階ほど揺れが大きくなりますが、制震構造の高層ビルやタワーマンションでは、上階の揺れを小さくできる利点があります。一方で、地盤の強さによっては制震装置の設置が難しいといったデメリットがあります。

・免震／地震の揺れを受け流す

地震の揺れを建物に伝わりにくくする方法です。建物の基礎と本体の間に免震装置を入れることで、地震の揺れを直接伝えないようにします。

3つの構造の中では建物の揺れをもっともおさえられるのが最大の利点で、室内の家具の転倒事故なども起こりにくくなります。ただし、縦揺れの地震には効果を期待できないほか、建設コストが高いことなどもデメリットといえます。

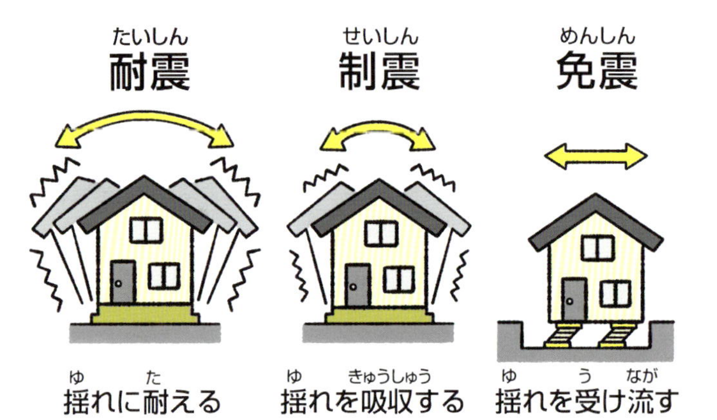

新耐震基準

1981年6月1日から施行されている耐震基準です。1978年に発生して大きな被害をもたらした宮城県沖地震を教訓として改正が行われました。新耐震基準では、震度6強～7程度の揺れでも建物が倒壊・崩壊しないことが基準とされています。

2000年には、阪神・淡路大震災をきっかけとして新たな規定が導入されました。これは「2000年基準」と呼ばれ、木造住宅の建築において地盤調査の基準が強化されるなど、建物の安全性がさらに向上しています。

地震予知

地震の起こる時間、場所、大きさの3つの要素を予測できれば、被害を最小限におさえる対策が可能になるでしょう。かねてより地震国の日本では地震予知に関する研究が進められてきましたが、現時点では地震発生を正確に予測することは難しいと考えられています。もし、こうした予測情報が出回っていたら、まず「デマではないか」と疑ってみる気持ちが大切です。

昔から、動物が地震を予知できるという説も言い伝えられてきました。「ナマズが暴れると地震が起きる」という説は、江戸時代から語りつがれています。現代でも大きな地震が起こる前に、飼っているペットの異常行動が見られたといった情報が多く出回っています。

たしかに地震の発生前から人間には感じ取れない微弱な音や電磁波などが発生し、それらを動物がキャッチしている可能性はゼロとはいい切れません。しかし、こうした動物の行動と地震発生の関連性については科学的には説明できていないことも知っておいてください。

地震雲

大地震が発生する前に変わった形の雲が現れるという説があり、これは「地震雲」といわれます。立ち上る煙のような形の雲やたつ巻状の雲などが地震雲と呼ばれることが多いようです。とくに近年はSNSで画像が簡単に共有できるため、「この地域に地震雲が出ている」といったうわさが広まって人々の不安をあおる状況も見られます。

しかし、地震雲に科学的な根拠はありません。気象庁でも、「雲は大気の現象であり、地震は大地の現象で、両者はまったく別の現象」「まったく関連のない2つの現象が、見かけ上そのように結び付けられることがあるという程度」という考えを示しています。

第6章

地震&防災クイズ

ここまでの内容のおさらいとして、地震や防災に関するクイズを出題します。いずれも地震から自分や家族を守るために必要な知識です。分からない問題があったら本書を読み返しましょう。

2016年の熊本地震で倒壊した阿蘇神社。重要文化財に指定された6棟の神殿や門などが大きな被害を受けた。

地震・防災クイズ

○か×で回答し、×の場合は正しい答えを考えてください。

「過去の震災」編

① 東日本大震災は、国内史上最大規模のマグニチュード8.0の地震だった。
② 東日本大震災は活断層が動いたことによる直下型地震だった。
③ 能登半島地震は、海溝を震源域とするプレート境界型地震だった。
④ 能登半島地震では、沿岸部などで液状化現象が多く発生した。
⑤ 阪神・淡路大震災では、新耐震基準の住宅に倒壊被害が多発した。
⑥ 阪神・淡路大震災が起きた1995年は「ボランティア元年」と呼ばれる。
⑦ 熊本地震では本震の揺れは大きかったが、余震はほとんど起きなかった。
⑧ 熊本地震では地盤のやわらかい地域で土砂災害が多発した。
⑨ 関東大震災は昼食の時間に発生して火災が多発した。
⑩ 関東大震災では「火災たつ巻」という現象が起こり被害を拡大させた。

【解答・解説】

① ×／マグニチュードは9.0、最大震度7を観測した。
② ×／プレートの動きを原因とするプレート境界型地震だった。
③ ×／活断層が動いたことによる直下型地震だった。
④ ○／液状化現象が住宅の倒壊やライフラインの停止をもたらした。
⑤ ×／旧耐震基準の住宅に倒壊被害が集中した。
⑥ ○／全国各地からボランティアがかけ付けて「共助」の輪が広がった。
⑦ ×／最大震度7の揺れが2回発生するなど大きな余震が相次いだ。
⑧ ○／土石流や地すべり、がけ崩れなどの土砂災害が被害を拡大させた。
⑨ ○／調理に火を扱っている家庭が多かったため、火災が広がった。
⑩ ×／関東大震災では各地で「火災旋風」が発生した。

「シミュレーション&対策」編

① キッチンはがんじょうな家具が多いため、地震の際は逃げ場所として適している。

② 窓ガラスはめったに割れないので気を付ける必要はない。

③ ベッドで寝ているときに地震にあったら、できるだけ早く屋外に出る。

④ 学校の校庭にいたら、校舎のかげに身を寄せる。

⑤ 地震が起きたとき、地下街や地下鉄の入り口の近くにいたら逃げこむ。

⑥ スーパーや百貨店で地震にあったら、危険なのですぐに出口へと走る。

⑦ 運転中に地震にあったら、ゆっくりとスピードを落として道路の左側に停車させる。

⑧ 電車内に閉じこめられても、自己判断で車外に出ない。

⑨ 「帰宅困難」になったら、移動の安全が確認できてから帰宅を開始する。

⑩ 海辺で地震があったら、海面の動きに変化が見られてから避難を開始する。

【解答・解説】

① ×／危険なものがたくさんあるため、できるだけ別の部屋に逃げこむ。
② ×／大きな揺れが起こると簡単に割れるため、すぐに離れる。
③ ×／揺れがおさまるまで、ふとんをかぶるなどして身を守る。
④ ×／割れたガラスなどが落下してくるおそれがあるため、校庭のまん中に避難する。
⑤ ○／地上に比べて揺れが小さいため、比較的安全。
⑥ ×／群衆事故に巻きこまれるおそれがあるため、揺れがおさまるまで待つ。
⑦ ○／後続の車に追突されるおそれがあるため、急ブレーキはかけない。
⑧ ○／危険なので非常用ドアコックなどを勝手に使わず、乗務員の指示にしたがう。
⑨ ○／むやみに移動を開始すると、群衆事故や余震などの被害にあう危険がある。
⑩ ×／海辺にいたら、一刻も早く高台などに避難する。

「地震への備え」編

① ハザードマップでは、自分が暮らす地域の災害被害の予測を確認できる。
② 断水しても自治体の給水所があるため、飲料水は1～2日分の備蓄で良い。
③ 被災生活では、手洗いや食器洗浄などに使う生活用水はあまり必要がない。
④ 日常的に使う食品などを多めに買っておき、使った分を買い足す方法を「ローリングストック」という。
⑤ 食料の備蓄では、できるだけ栄養バランスを考える。
⑥ 備蓄品はなるべく1ヶ所にまとめて保存する。
⑦ 緊急持ち出し袋は、一度つくったら見直す必要はない。
⑧ 緊急地震速報が鳴ったら、すぐに身の安全を確保する。
⑨ 家族が離れた場所にいるときに被災することを考え、事前に待ち合わせの場所や時間を決めておくと良い。
⑩ 三角連絡法とは遠くに住む親せきや友人を連絡先とし、家族が安否確認などを行う方法をいう。

【解答・解説】

① ○／自治体ごとに作成されているので事前に確認しておこう。
② ×／大規模災害では支援が遅れることもあるため、できれば 10 日分は備える。
③ ×／被災生活でも生活用水は欠かせないため確保しておく。
④ ○／ローリングストックを取り入れると、無理なく備蓄をしやすくなる。
⑤ ×／被災生活では栄養がかたよりやすいため、備蓄品の栄養バランスに気を付ける。
⑥ ○／家の一部が倒壊して取り出せなくなるおそれなどがあるため分散しておくと良い。
⑦ ×／季節ごとに入れ替えたり、電池切れの確認をしたりする必要がある。
⑧ ○／数秒～数十秒後に大きな揺れにおそわれる可能性がある。
⑨ ○／自宅が被災することも考え、どの避難場所や避難所で待ち合わせするかを決めておく。
⑩ ○／被災地から遠く離れた場所には電話がつながりやすいことを利用した連絡法。

「応急処置」編

① 応急手当をする前にまずは周囲の安全を確認する。

② 出血したら、まずは傷口の洗浄を行う。

③ 止血は、傷口を心臓より高くして手のひらや包帯で圧迫すると良い。

④ 骨折の手当は固定して患部を動かさないようにする。

⑤ 骨折かどうか判断が難しい場合は、固定しない方が良い。

⑥ やけどを負ったら、できるだけすぐに冷やす。

⑦ やけどの水ぶくれは破って水を出した方が良い。

⑧ 意識をうしなっている人がいたら、救急隊の到着まで待つ。

⑨ 救命処置では、胸骨圧迫と人工呼吸を繰り返す。

⑩ AED の使い方は難しいため、専門家以外は触らない方が良い。

【解答・解説】

① ○／余震の被害などを受けないように、危険な場所からすみやかに離れる。

② ×／止血してから洗浄と保護を行う。

③ ○／血が止まるまで圧迫を続ける。

④ ○／骨折の手当は固定がなにより大切。固定用の添え木は身近にあるものでも代用できる。

⑤ ×／骨折していなくても、痛みやはれがある場合は安静にしておくと良い。

⑥ ○／手当が早いほど症状の進行を食い止められる。

⑦ ×／雑菌が入るおそれがあるため、水ぶくれはつぶさない。

⑧ ×／意識をうしなっている人がいたら、一刻も早い救命処置が必要。

⑨ ○／救急隊の到着まで、胸骨圧迫と人工呼吸を続ける。

⑩ ×／音声ガイダンスにしたがって誰でも簡単に操作できる。

「被災後の生活」編

① 室内で火災が発生している場合、天井まで燃え広がっていたら避難する。
② ライフラインの中では、ガスがもっとも停止しやすい。
③ 自宅で避難できる場合でも、できるだけ避難所に行く方が良い。
④ 津波や土砂災害の危険がある場合は在宅避難はするべきではない。
⑤ 避難所では物資が支給されるため、自宅から持ちこむ必要はない。
⑥ 避難所では清掃や食事のしたくなど積極的に手伝いをする必要がある。
⑦ 原則としてペットは避難所に連れて行けない。
⑧ 地震発生時に偽情報や誤情報が広まることはめったにない。
⑨ 地震のストレスにより、心身に「ストレス反応」が出ることがある。
⑩ 生活再建に向けた支援を受けるために「り災証明書」を取得する。

【解答・解説】

① ○／天井まで燃え広がると消火器での消火は難しくなる。
② ×／ライフラインは、電気、水道、ガスの順に止まりやすい。
③ ×／自宅で避難生活を送れる場合は、「在宅避難」が推奨されている。
④ ○／自宅の安全が確認できない場合は避難所に行く方が良い。
⑤ ×／最低限の物資しか支給されないため、必要なものは持ちこむ。
⑥ ○／避難者一人ひとりが避難所を運営しているという意識が大切。
⑦ ×／「同行避難」が原則だが、避難所では人とは生活スペースが異なることが多い。
⑧ ×／災害発生時は、偽情報や誤情報が必ず広まるという考えを持つ。
⑨ ○／心や体にさまざまな症状が出るストレス反応に注意する。
⑩ ○／公的支援の申請や地震保険の請求などに必要となる。

「地震用語」編

① マグニチュードは、各地の揺れの大きさを表している。

② 南海トラフでの地震は、100 ～ 150 年の周期で発生している。

③ 断層とは、岩盤がずれた状態をさす。

④ 緊急地震速報は、最初に主要動（S波）をキャッチして警報を発する。

⑤ 大きな地震が起きる前に起こる揺れを余震という。

⑥ 震源地は、地震が発生した地点をさす。

⑦ 群発地震とは、ある地域に集中的に多くの地震が発生することをさす。

⑧ 長周期地震動は、高層ビルで発生しやすい。

⑨ 免震構造では、揺れに耐えられるように建物をがんじょうにする。

⑩ 新耐震基準の建物は、最大で震度5強までの地震に耐えられる。

【解答・解説】

① ×／マグニチュードは地震の規模を示す。揺れの大きさを表すのは震度。

② ○／今後 30 年以内に巨大地震の発生が心配されている。

③ ○／将来的に動く可能性がある断層は活断層と呼ばれる。

④ ×／最初に初期微動（P波）をとらえ、大きな揺れがくることを伝える。

⑤ ×／本震の起こる前に発生するのは前震。余震は本震の後に起こる地震をさす。

⑥ ○／地震が発生した「範囲」は、震源域と呼ばれる。

⑦ ○／小さめの地震が連続的に発生する。

⑧ ○／高層ビルの上層階で大きな揺れをもたらすことがある。

⑨ ×／免震構造は、免震装置によって揺れを受け流している。

⑩ ×／震度6強～7程度の揺れでも建物が倒壊・崩壊しないことが基準となっている。

【おわりに】

日本では大きな地震がたびたび発生して、多くの悲劇が繰り返されてきました。実際に被災された経験のある読者の方も少なくないでしょう。

日本に住んでいるかぎり、地震から逃れることはできません。つまり、いつ誰が地震災害に遭遇してもおかしくないのです。それは明日かもしれないし、3年後かもしれません。その日を正確に予測することは誰にもできませんが、いつか必ずやってくるという気持ちを忘れないことが大切です。

ここまで読み進めてきた方は、きっと地震のメカニズムや対策に関する知識をたくさん身に付け、防災意識も高まっているでしょう。しかし防災でなにより重要なのは、実際に行動に移すことです。ぜひ皆さんの知識を自分自身はもちろん、家族、友人など大切な人たちの身を守るために役立ててください。

本書が地震災害から皆さまの命を守る一助となることを願っております。

久保範明

著　者

久保範明

1986年に有限会社インパクトを設立。編集プロダクションとして、現在にいたるまで多くの雑誌や新聞の取材記事を手がける。防災ジャーナリストとしても精力的に活動し、奥尻島、阪神・淡路大震災、新潟大地震、東日本大震災など日本各地で発生した地震の現地取材や情報収集活動を敢行。『大地震が東京を襲う！』（中経出版）、『巨大地震リアルシミュレーション』（永岡書店）、『地震サバイバル100の鉄則』（角川書店）など多数の地震関連書籍の執筆や制作に携わっている。

協　力

深澤廣和

雑誌や新聞の取材記事を手がける防災ジャーナリスト。阪神・淡路大震災、新潟大地震、東日本大震災など日本各地で発生した地震被害の現場を取材。日本と同様に地震国であるトルコ政府機関の依頼により自主防災講演を行ったり、全国の防災訓練などに積極的に参加したりして自主防災の重要性を訴えている。

家庭の防災を考える会

編集プロダクションとして活動する有限会社インパクトのメンバーが中心となって結成。大規模な自然災害から自分や家族の身を守るためには、家庭の防災力の向上が不可欠という考えにもとづき、災害対策の検討や情報発信活動などを行う。『親子のための地震安全マニュアル』（日本出版社）などの制作実績がある。

イラスト

チョッちゃん

児童書・教材・教科書・書籍・雑誌などで活動中。「シンプル・親しみやすい・分かりやすい」を大切に、表情豊かで動きがあり、楽しく伝えるイラストが得意。これまでに手がけた書籍は『はじめての金魚&メダカ 正しい飼い方・育て方』（メイツ出版）など多数。
https://www.chotchan.com/

[筆者]
久保範明

[協力]
深澤廣和・家庭の防災を考える会

[編集]
二宮良太

[デザイン]
有限会社 PUSH

[イラスト]
チョッちゃん

知ってそなえる　地震たいさくBOOK
発生のしくみ & シミュレーションで学ぶ減災

2025年1月20日　第1版・第1刷発行

著　者　久保 範明（くぼ のりあき）
協　力　深澤 廣和・家庭の防災を考える会
　　　　（ふかざわ ひろかず・かていのぼうさいをかんがえるかい）
発行者　株式会社メイツユニバーサルコンテンツ
　　　　代表者　大羽 孝志
　　　　〒102-0093東京都千代田区平河町一丁目1-8
印　刷　株式会社厚徳社

ご意見・ご感想はホームページから承っております。
ウェブサイト　https://www.mates-publishing.co.jp/

企画担当:清岡香奈